Low Grade Heat Driven Multi-Effect Distillation and Desalination

低温余热驱动多效蒸馏与脱盐技术

(伊朗) 比将 · 拉希米（Bijan Rahimi）
(澳) 蔡慧中 （Hui Tong Chua） 著

张卫珂 王佳玮 蔡慧中 译

化学工业出版社
· 北 京 ·

本书对海水淡化技术及相关工艺的能源消耗和环境影响进行了简单介绍，重点阐述了低温显热驱动蒸馏相关工艺、增强多效蒸馏设备中试、数学模拟、泵功耗分析、余热性能比、热经济分析等内容，同时对新型低温热驱动蒸馏法在海水淡化中的应用、新型低温热驱动蒸馏在氧化铝精炼厂中的应用等实用技术进行了延展介绍。

本书适合在化学工程、能源领域从事热质传递、热力学、过程工程及余热利用的工程技术人员使用，同时可供高等院校相关专业的师生参考。

ISBN 978-0-12-805124-5

图书在版编目（CIP）数据

低温余热驱动多效蒸馏与脱盐技术／（伊朗）比将·拉希米（Bijan Rahimi），（澳）蔡慧中（Hui Tong Chua）著；张卫珂，王佳玮，蔡慧中译．—北京：化学工业出版社，2018.9

书名原文：Low Grade Heat Driven Multi-Effect Distillation and Desalination

ISBN 978-7-122-32367-5

Ⅰ.①低… Ⅱ.①比… ②蔡… ③张… ④王… Ⅲ.①蒸馏法淡化-技术②海水淡化-脱盐-技术 Ⅳ.①P747

中国版本图书馆 CIP 数据核字（2018）第 125678 号

责任编辑：张　艳　刘　军　　　装帧设计：王晓宇
责任校对：王素芹

出版发行：化学工业出版社（北京市东城区青年湖南街 13 号　邮政编码 100011）
印　　刷：大厂聚鑫印刷有限责任公司
装　　订：三河市胜利装订厂
710mm×1000mm　1/16　印张 10　彩插 1　字数 186 千字
2018 年 10 月北京第 1 版第 1 次印刷

购书咨询：010-64518888（传真：010-64519686）　售后服务：010-64518899
网　　址：http://www. cip. com. cn
凡购买本书，如有缺损质量问题，本社销售中心负责调换。

定　　价：80.00 元

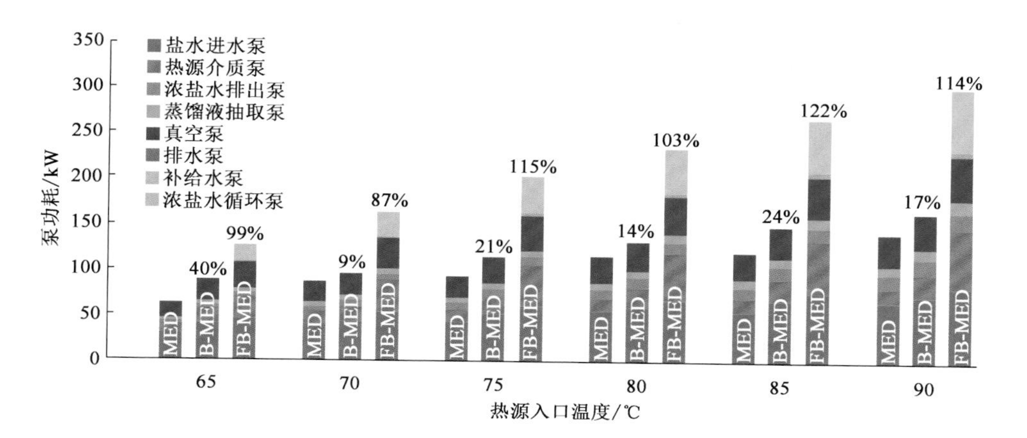

图 8.10 优化的常规多效蒸馏（MED）、增强 MED（B-MED）和闪蒸增强 MED（FB-MED）工艺的泵功率与热源入口温度的关系（在每个热源温度下柱顶的数值是与常规 MED 相比较下的增幅）

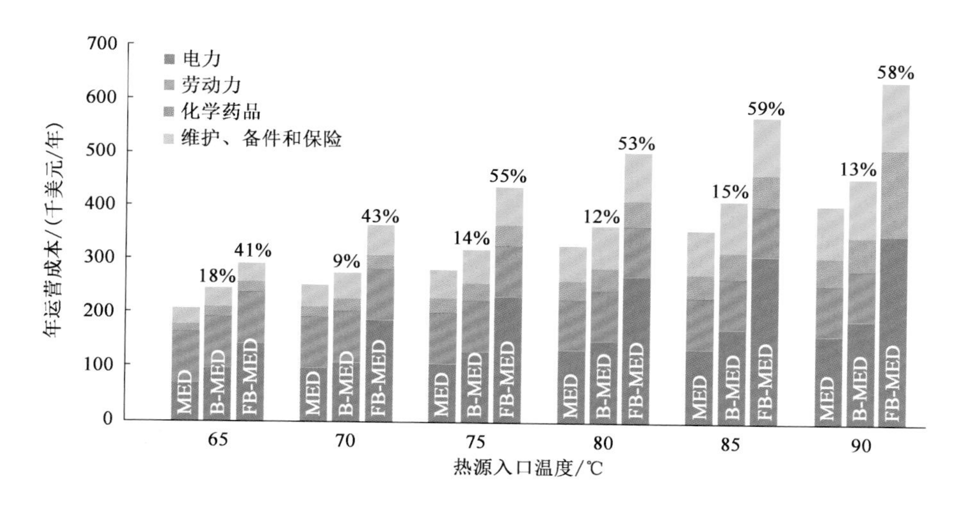

图 8.13 对于优化的常规 MED、增强 MED 和闪蒸增强 MED，年运营成本与热源入口温度的关系（在每个热源温度下柱顶的数值是与常规 MED 相比较下的增幅）

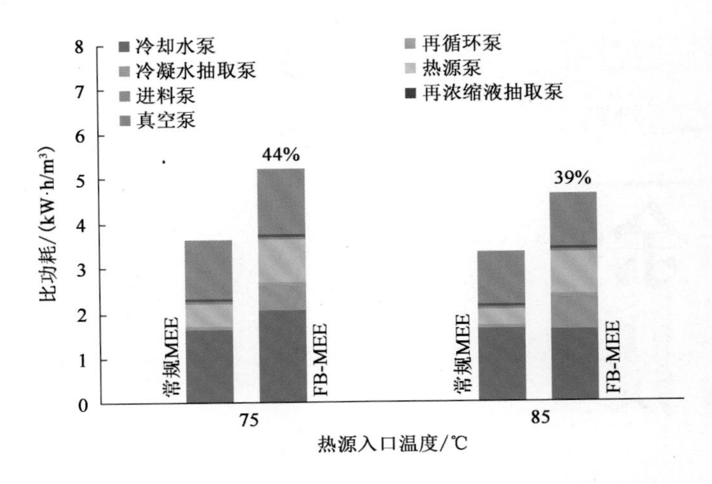

图 9.9　常规多效蒸发和闪蒸增强多效蒸发比功耗的明细（单位淡水产量）

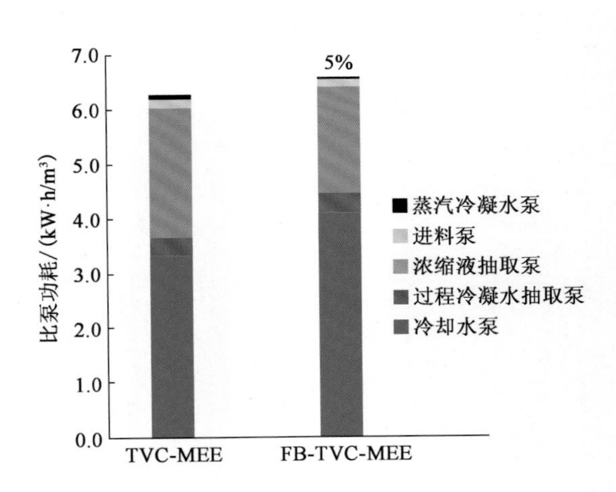

图 9.20　两项蒸发工艺的比泵耗

作者介绍

比将·拉希米（Bijan Rahimi）博士是谢里夫理工大学机械工程系的访问助理教授，也是该大学水与能源研究所新型脱盐试点工程项目的科研领军人。

最近，他因在低温热驱动蒸馏上的突出成就及该项技术在伊朗的应用获得了伊朗国家精英基金会奖。现在，他正与伊朗能源部水处理研究所合作制订伊朗首个海水淡化研究和技术路线图。

他于2016年从西澳大学机械与化学工程系获得以海水淡化命题的博士学位。他还与西澳大利亚的一家大型氧化铝精炼厂合作，使用工艺中的余热以浓缩过程溶液。

除了学术经验，他在伊朗工业（石油和天然气、化学和石油化工、钢铁和造纸行业）中的余热管理、可再生能源、测量仪表和控制阀领域拥有大约6年的工作经验。

比将是《海水淡化》杂志的审稿人。他是谢里夫理工大学海水淡化研究小组的成员。

Researcher ID（科研社交网络服务网站）为D-6157-2013，ORCID ID是0000-0002-5788-8018。

与比将相关的出版物信息：

ResearchGate：https：//www.researchgate.net/profile/Bijan_ Rahimi.

领英：https：//www.linkedin.com/in/bijan-rahimi-020a4a3b；https：//ir.linkedin.com/in/bijan-rahimi-020a4a3b.

蔡慧中（Hui Tong Chua）教授是西澳大学（UWA）机械与化学工程教授，也是该大学化学工程项目首席科学家。他的研究领域包括热质传递、热力学、过程工程及余热利用。他的国际期刊论文中有七篇的引用率是工程领域的前1%。

他的科研团队发明了增强和闪蒸增强多效蒸馏脱盐法，以便有效地与低温余热耦合。他的团队也通过样机成功地论证了其主要观点。通过与西澳大利亚一家大型氧化铝精炼厂的合作，他的团队已经展示了这项技术在显著提高精炼厂能源和成本效率方面的潜力。他的长远目标就是实现该潜力。

蔡慧中教授也是中国山西省太原理工大学引进的“山西百人计划”中的一员。

蔡慧中教授拥有新加坡国立大学机械工程博士学位、硕士学位、学士学位（1级荣誉）。

在加入西澳大学之前，蔡慧中教授是新加坡国立大学工程学院助理教授。

Researcher ID（科研社交网络服务网站）为B-1317-2008。

蔡慧中（Hui Tong Chua）相关信息：

http：//www.web.uwa.edu.au/people/huitong.chua.

ResearchGate：https：//www.researchgate.net/profile/Hui_Chua.

自 序

PREFACE

本书是8年科研工作的成果，研究始于澳大利亚西澳大学地热中心（WAG-CoE）刚成立时，当时蔡慧中教授是地面工程项目领军人。

他在余热驱动制冷装置方面有多年的工作经验，所以当他首次接触地热时即意识到，在热力学方面，它是一种余热。一旦地热液从地下抽出，应在其最终回灌地下之前，尽可能利用，使之逼近环境温度。

西澳大利亚州缺水，但拥有丰富的地下含水层，蔡慧中教授和当年为WAG-CoE主管、现任新南威尔士大学石油系的系主任Klaus Regenauer-Lieb教授密切合作，两人致力于地热海水淡化的工作。

受益于阿法拉伐（Alfa Laval）淡水发生器详细目录数据，蔡慧中教授提出了增强多效蒸馏（B-MED）的想法；随后该想法由Klaus Regenauer-Lieb教授和王小林博士进一步开展，王小林博士目前是塔斯马尼亚大学的高级讲师。西澳大利亚大学在这项技术方面拥有很强的知识产权，并持有美国专利，蔡慧中教授对此感到非常欣慰。这主要归功于Neil Prentice、Tom Schnepple以及Tymen Brom的鼎力支持。Tymen Brom是澳大利亚国家海水淡化中心（NCEDA）的产业化经理。

由NCEDA和South32鼎力赞助，蔡慧中教授的团队，特别是Alexander Christ博士，成功开发了1.5m³/d的样机，以展示增强多效蒸馏（B-MED）工艺的主要流程。比将·拉希米博士目前是谢里夫理工大学（SUT）的访问助理教授，于2012年2月加入团队，与蔡慧中教授和Alexander Christ博士共同开发了闪蒸增强多效蒸馏（FB-MED）工艺。

蔡慧中教授的团队与Pro Chemistry顾问公司的Steve Rosenberg以及South32的Eric Boom和Silvio Nicoli合作多年，他们共同的目标是应用热蒸馏技术以提升氧化铝精炼厂的运营。Silvio Nicoli意识到，FB-MED工艺可能会对氧化铝精炼厂和一般矿产精炼厂的能源效率带来重大革新。

蔡慧中教授特别感谢阿法拉伐（Alfa Laval）的Paul Tuckwell多年以前给予的支持。特别是Paul Tuckwell还提供了阿法拉伐（Alfa Laval）热水驱动多效蒸馏海水淡化厂的图片为本书封面助力。

蔡慧中教授和比将·拉希米博士感谢上述每个人的友情及鼎力协助，没有他们的帮助本书肯定不能完成。当然，蔡慧中教授和比将·拉希米博士对本书中的任何错误及遗漏负全责。

目前，比将·拉希米博士在谢里夫理工大学（SUT）致力于FB-MED工艺的原型设计。他感谢Ali. A. Alamolhoda教授、Majid Abbaspour教授和Hamid Mehdigholi教授的协助，使原型设计工作成为可能。

最重要的是，蔡慧中教授对Jeffrey M. Gordon教授多年来的指导、监督、教导和不断鼓励提携表示感谢和敬意。在蔡慧中教授心目中，Jeffrey M. Gordon教授是父亲般的人物。

比将·拉希米（Bijan Rahimi）（bijan@mehr. sharif. ir）

谢里夫理工大学

蔡慧中（Hui Tong Chua）（huitong. chua@uwa. edu. au）

西澳大学

目 录

Contents

第1章 海水淡化简介

第2章 低温显热驱动蒸馏

第3章 增强多效蒸馏设备中试

第4章 数学模拟

35

第5章 泵功耗分析

64

第6章 余热性能比

68

第1章 海水淡化简介

1.1 简介

地球表面接近71%（$5.1\times10^8km^2$）的面积被海洋覆盖，其余约29%被陆地覆盖[1]。地球上有丰富的水资源，但其中只有3%的部分是可饮用的，剩余97%都是盐水[2]。可饮用的淡水中有70%被冻结在冰川中，剩余的30%存在于地下难以到达的含水层中，其中约0.25%流入河流和湖泊可供直接使用[3]。因此，来自地下含水层和地表水等传统意义上的淡水资源在全球范围是有限的，而且这部分资源的消耗正以惊人的速度增长[4]。

缺水是指淡水在此区域的需求与供应不匹配。现有水资源污染、人口日益增长、工业活动增加、淡水资源与人口分布不均、不断变化的降雨模式已经成为全球性的问题。这意味着许多人口分布密集的地区变得愈加无法满足居民的供水需求[3,5~7]。目前，水资源短缺的国家占世界人口的1/3，预计到2025年将达到2/3[8]。除了生活和工业用水不足之外，农业也受到水资源短缺的直接影响。农民日益不得不与城镇居民和工业生产竞争水资源，从而使全球粮食安全将面临风险[9]。

缓解水资源短缺问题的方法包括废水处理和再利用、海水淡化和节水方案等。目前大约有80个国家正面临严重的缺水问题[10]，而科威特、阿拉伯联合酋长国（简称阿联酋）和沙特阿拉伯等一些国家甚至完全依赖海水淡化供水[4]。

因此，海水淡化已成为增加淡水资源，尤其是发展中国家和许多干旱地区的重要选项。例如，2010年，海湾合作委员会（GCC）国家（中东地区）生产的脱盐水约占全世界总量的39%[11,12]。

相比于常规供水方式，海水淡化工艺正日益被广泛采用，因为海水淡化的单位体积成本正在降低，而传统方法的成本则在上升[4,7,13]。2011年，全球大约有150个国家使用了15988座海水淡化厂（包括已投产使用、兴建和已签约）以进行海水淡化[14]。2011年全球范围内所有海水淡化厂的生产总容量为$7.08\times10^7m^3/d$[15]，产能比2010年有了10%的提高。此外，2011年中期到2012年8月期间增建了632座新工厂，从而装置总容量提高到了$7.48\times10^7m^3/d$[15]。截至2015年6月30日，全球海水淡化厂总数量达到18426座，总产能超过8.68×

$10^7 m^3/d$，满足了全球约3亿人的供水需求[16]。这些数据从生产效率和能源消耗两方面表明了海水淡化市场的潜力。

1.2 海水淡化发展史

海水淡化的起源和历史可追溯到1943年，而早在1909年就有动词“脱盐”的记录[17]。然而参考古代著作，海水淡化的概念要早得多[18]。历史上盐被认为是一种珍贵的商品。脱盐的最初目的与生产淡水无关，而是希望通过蒸发从咸水中获取并使用盐[2]。

难以查证首例利用海水淡化来生产淡水的具体信息，但是亚里士多德（公元前384—公元前322年）是最早记录海水淡化过程的科学家之一。在观察的基础上，他认为当咸水变为蒸汽，再将其冷凝后水中不含任何盐分[19]。那时对水手而言，淡水生产对长途航行至关重要。古代绘画描绘了水手加热海水至沸腾，并在铜容器口上悬挂一大块海绵用于吸收蒸发出的物质[3]。因此，海水淡化的起源可追溯到公元前4世纪的观点是合理的。

例如，蒸发冷凝或从海水中渗析获得淡水等模拟自然的先进技术，在近几十年内才开发出来。在此之前，17～19世纪的海军舰艇一直使用基础的海水淡化工艺。例如，1790年，美国国务卿托马斯·杰斐逊（Thomas Jefferson）收到了向政府推销海水淡化方案的提案[2]。首个海水淡化设备是为船舶所建造，其目的是提供锅炉用水，从而不再需要载货车来运送水[18]。多年后，此设备于1852年申请到英国专利[20]。1872年瑞典工程师卡洛斯·威尔逊（Carlos Wilson）设计了首个太阳能蒸馏器，并在智利建成[21]。1912年，埃及建立了一个产能为$75m^3/d$的海水淡化厂[22]。荷属安的列斯群岛的库拉索岛是第一个在1928年承诺进行海水淡化的地区，还有是1938年在沙特阿拉伯建造的一个大型海水淡化厂[2,23]。在此期间（1929～1937年），由于石油业的兴起，淡化水的总产量有所增加[22]。

20世纪40年代，在第二次世界大战期间，海水淡化研究得到一定的发展，旨在寻求在士兵面临饮用水短缺的地区能满足其军事淡水需求的适当方式[2]。例如，泰柯斯（Telkes）[24]开发了一种利用空气充气进行海水淡化的塑料蒸馏器，这种装置在第二次世界大战期间得到了美国空军和海军的广泛使用。第二次世界大战后，美国等国继续开展海水淡化工作。美国国会于1952年通过了“盐水淡化法案”（PL 82-448），从而在其内政部水资源管理局资助并设立盐水办公室[2]。

20世纪60年代，由于全球刚经历了人口剧增和水资源短缺问题，海水淡化学科进入了一个新纪元，一个利于商业化的特殊时期。中东和北非（MENA）地区的许多富油国家由于面临着缺水问题，所以以化石燃料为基础研发了新的海水淡化方法，相比于资源出口，他们更倾向于将部分自然资源（石油和天然气）

用于当地的海水淡化生产[11]。近期，淡水已成为许多国家的商品，海水淡化厂也不仅仅局限于中东和北非地区[25]。

第一代海水淡化厂于1960年在科威特的舒韦赫岛和海峡群岛的根西岛建设完成[22]。到20世纪60年代后期，产能高达8000m^3/d的海水淡化厂开始出现在世界各地，这些设备主要基于热处理，这是一种昂贵的处理方式，因为它需要大量的能源[26]。然而，这种工艺非常适合于中东富油国家。自20世纪70年代以来，膜工艺在大规模生产中被广泛使用，其商业化也有长足的发展[22,26]。20世纪80年代，海水淡化终于成为一个完全商业化的行业，直至今天仍是如此[26]。根据国际海水淡化协会的报告[15]，全世界每天约有18000个海水淡化厂在投产使用，淡水产量约为$9\times10^7 m^3/d$。

1.3 脱盐技术

一般来说，根据工艺中盐水是否相变，所有适用的脱盐工艺可分为两大类。

- 相变脱盐：此类包含所有通过蒸发和冷凝现象产生淡水的热驱动过程。
- 无相变脱盐：此类是指在不涉及相变的基础上，令盐水通过膜系统来实现分离；反渗透（RO）就是这类的典型代表。

图1.1显示了海水淡化最主要的方法。选择适当的脱盐方法取决于许多因素，如厂址、设备性能、设备使用寿命、初始成本、利率、所需淡水的标准、能源类型、设备负荷率和水的成本。在工业应用中，由于其主要目的是从过程溶液中提取淡水，所以主要考虑的是所选工艺能否处理此类液体。例如，在采矿业和精炼厂（如氧化铝精炼厂）中，多效蒸馏（MED）和多级闪蒸（MSF）等热脱盐方法比RO工艺更合适，因为RO工艺会由于严重结垢而无法处理过程溶液。在氧化铝精炼厂的蒸馏单元（参见第9章）中，RO技术无法从过程液体[可以认为相当于20%（质量分数）的火碱溶液]中提取淡水，因此热脱盐技术是唯一的选项。

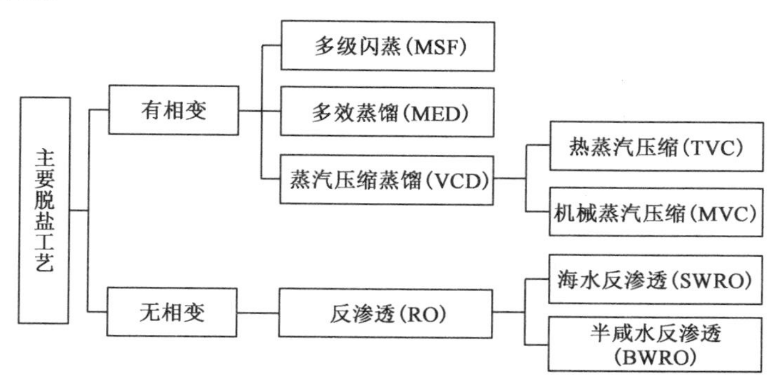

图1.1 主要脱盐工艺

1.3.1 相变工艺

相分离过程的主要方法如MSF，MED或多效蒸馏（MEE）和包括热蒸汽压缩（TVC）和机械蒸汽压缩（MVC）在内的蒸汽压缩蒸馏方法（VCD），将在本章1.3.1.1～1.3.1.3中进行详细说明[4,22,26,27]。

这些方法模拟了通过蒸发冷凝从盐水（或工业过程溶液）中生产淡水的天然脱盐方法。由于中东地区适宜使用化石燃料且成本较低，因此热脱盐方法（例如，多级闪蒸法）的使用主要集中在这些地区[28]。1996年，石油年消耗量10000t可以生产1000m^3/d的淡水[29]。2012年8月，盐水脱盐的淡水总产量中，多效闪蒸和多级蒸馏方法的产量占到31%左右[15]。这两项技术是海湾合作委员会国家主要使用的技术，承担了2012年海水淡化总产能的68%[11,30]。热相变过程更适用于该地区的另一个重要原因是，波斯湾水域有著名的“4H”[11]：高盐度（约45000mg/kg[2]），高浊度，高温和高生物量。

1.3.1.1 多级闪蒸

MSF蒸馏过程（图1.2）生产了中东和北非地区大部分的市政饮用淡水[22]。如今，它在世界上的应用广泛度仅次于RO技术，主要用于海水脱盐[15]。这项技术已经在大规模商业活动中投入使用了30多年，与MED技术相比，由于其抗垢性更高，因此从20世纪50年代（从开发使用开始）开始逐渐取代了MED过程[25]。1957年，在科威特建设了四座MSF海水淡化厂，总产能为9084m^3/d[31]。沙特阿拉伯的Al-Jubail工厂（815120m^3/d）是世界上最大的MSF海水淡化厂[32]。

如图1.2所示，该技术于输入端对海水加压，加热后输送到一系列保持在稍微低于饱和蒸气压的闪蒸室中，因此一部分进料液经过闪蒸转化为蒸汽。闪蒸产生的蒸汽通过除雾器后在系统每一“级”顶部的传热管（冷凝器）的外表面实现冷凝。冷凝的液体随后滴入托盘中并收集为淡水。所有多级闪蒸设备均由热源、热回收装置和散热装置组成[33]。通常热回收段由19～28“级”构成（在现代大型多级闪蒸设备中）[4]。散热装置通常由三个以上的级数组成，用于控制再循环的浓盐水温度[33]并节约防垢剂。热输入端的最高浓盐水温度（TBT）通常在90～110℃之间[33,34]。然而经过一些技术改良后，这个温度可以达到120～130℃[35,36]。图1.2示出了常规MSF设计原理，对于大型现代多级闪蒸设备，其标准泵耗功率大部分处于3.0～5.0kW·h/m^{3}之间[11,37]。此技术的主要优缺点罗列如下[4,22,25~28,38]。

优点：

①高淡水产能；

②与给水盐度无关；

③设备易于操作且在使用寿命内性能几乎无变化；

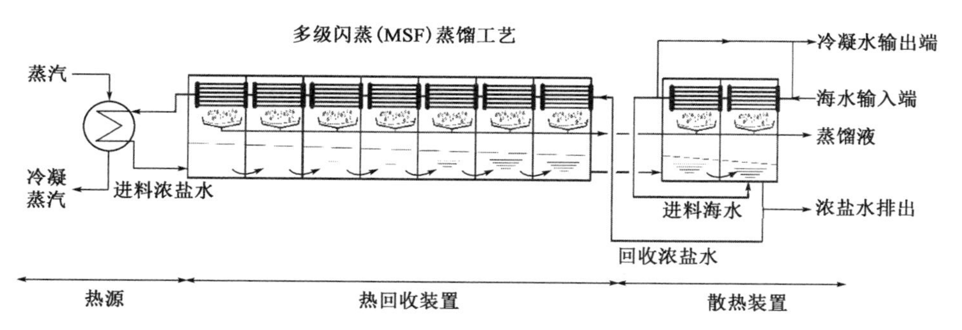

图1.2 标准(常规)多级闪蒸原理图

④生产的淡水质量较高(总溶解固体TDS小于10mg/L);

⑤与RO工艺相比,对进料液的预处理要求极低;

⑥操作简单且易于维护;

⑦与MED过程相比,抗垢性更强;

⑧商业用途方面有较长的发展史,具有较高的可靠性;

⑨可与其他方法相结合。

缺点:

①高昂的建设和运营费用;

②需要高水平技术知识;

③高热能密集型工艺;

④高温操作(浓盐水最高温度为90~120℃);

⑤低回收率,即相比MED方法,生产等量的淡水需要更多的进水;

⑥最低负荷率约70%。

1.3.1.2 多效蒸馏或蒸发

MED或MEE技术是最古老的工业脱盐方法[39],也是热效率最高的热蒸馏方法[40],在热脱盐市场中占有率仅次于MSF技术[15]。当蒸馏液是此方法的主要产物时,称为MED技术;如果主要目标是蒸馏本身时(例如,浓缩进料液),称为MEE技术,当然这两个过程的原理是一样的。在第8章中,由于该过程用于海水淡化应用,所以被称为MED工艺。在第9章中,当目的是从矿物精炼工艺中除去水分时,称为MEE工艺。

考虑到产能过小无法满足经济效益,MED设备的产能通常大于300m^3/d[27]。如图1.3所示,在此系统中进料液被分散到第一效组热交换器的表面。经过热交换器的热源流体(蒸汽或高温液体)将其能量转换给热交换器表面的进料液,并蒸发一部分水分,所产生的蒸汽随后在第二效组的热交换器中冷凝,在这种作用下更多的进料液被蒸发,同时第一效组产生的浓盐水被排出。经第二效组蒸发的进料液继续运行第三效组,产生的盐水从该效组的底部排出。此过程一直持续到最后一个效组,对应产生的蒸汽进入冷凝器,盐水进入冷凝器作为冷凝剂对这部分蒸汽进行冷凝，紧接着将部分被预热的盐水作为进料液输送至各效组[41]。

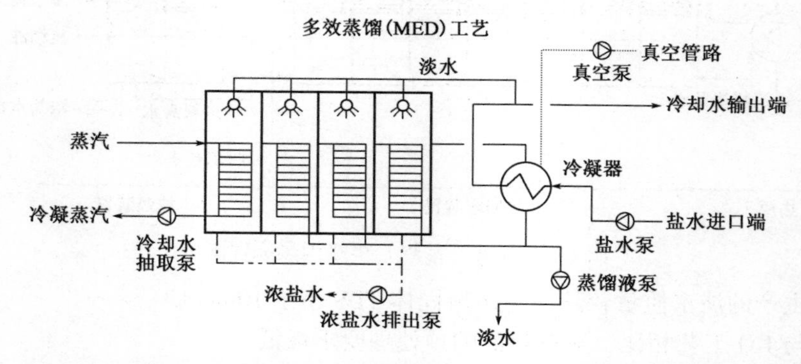

图 1.3　应用于海水的卧式降膜蒸发器的标准（常规）多效蒸馏示意图

MEE 工艺有许多不同的可行方案。例如，关于蒸发器设计既可以使用竖管升膜，也可以使用横管降膜；进料流方向可以向后，平行或向前；效组的布置形式可以是水平布置，也可以使用堆叠布局[39]。

MED 和 MSF 之间的主要区别与沸腾和闪蒸现象之间的区别有关。产生等量蒸汽的情况下，闪蒸技术（MSF 工艺）与沸腾蒸馏技术（MED 工艺）相比，前者对进水量和压力差的要求更高。这意味着闪蒸技术泵耗功率更大。大型 MED 设备的标准泵耗功率约为 1.5～3kW·h/m^3[4,11]，明显低于 MSF 设备。

另一个区别与最高浓盐水温度（TBT）和结垢问题有关。由于 MED 工艺的设计，一些可以应用于 MSF 工艺的除垢程序无法应用于 MED 工艺，因此，控制结垢问题的最好方案是将 TBT 保持在 65～70℃[42]。

此技术的主要优缺点罗列如下[22,27,33,38,39]。

优点：

①工作温度低；

②淡水水质好；

③高热性能；

④可与其他方法相结合；

⑤低泵耗功率；

⑥工艺稳定可靠；

⑦可处理正常水平的生物或悬浮物；

⑧预处理要求极低；

⑨工作人数要求极低；

⑩可降至零负荷比。

缺点：

①建设成本高（高资本成本）；

②易腐蚀；

③回收率低（尽管高于 MSF 技术）。

1.3.1.3 蒸汽压缩蒸馏

VCD 工艺主要用于中小型海水淡化厂[43]，常被用于难以获得淡水的行业[26]。通常，VCD 工艺所需的蒸发热量是由压缩提供的。TVC 和 MVC 是 VCD 技术的两种形式。在 TVC 工艺中，中压中低压蒸汽驱动热压缩机对蒸汽完成压缩。相比之下，MVC 工艺中，蒸汽是由电力机械驱动的压缩机实现压缩；因此，在蒸汽不能作为热源的情况下，MVC 工艺可以作为一种选项。

VCD 工艺也可以与 MED 和 MSF 工艺结合应用，如 TVC-MED[44] 或 TVC-MSF[34]；与单独 MED 或 MSF 系统的性能相比，这种组合可以提高系统整体性能[22,34]。与 MSF 工艺相比，由于 MED 的热性能更高，所以 TVC-MED 和 MVC-MED（图 1.4 和图 1.5）是最主要的工艺选择，而 TVC-MED 系统在所有蒸汽驱动工艺中具有最高的热性能。如图 1.5 所示，在 MVC-MED 工艺中，最后一个效组产生的蒸汽在机械压缩机中被压缩，因此该系统在没有冷却液的场合下具有极大的优势。

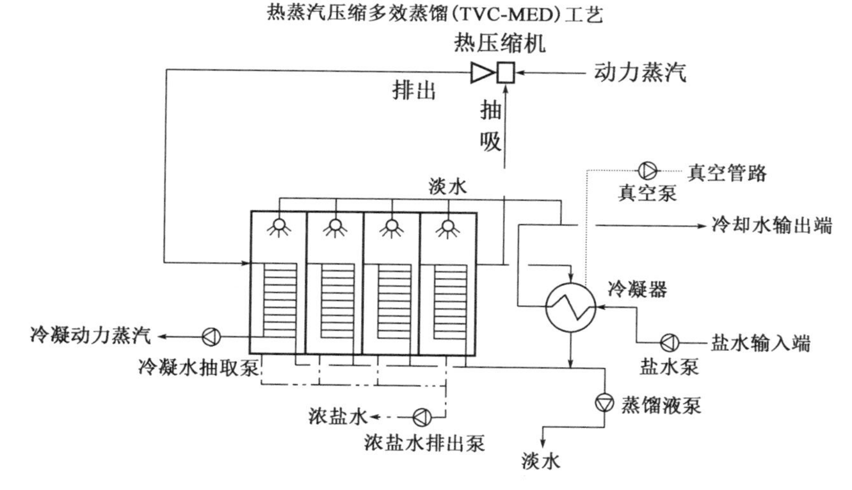

图 1.4 应用于海水的水平降膜蒸发器的热蒸汽压缩多效蒸馏设备示意图

通常，MVC-MED 设备的产能可达 $3000m^3/d$[4,43]，TVC-MED 设备约为 $20000m^3/d$[43]。为了提高产能，通常将两个或两个以上的设备结合使用。例如，在使用 TVC-MED 设备后，库拉索岛产能 $12000m^3/d$（1994 年），乌姆阿尔纳尔（UAE）产能 $16000m^3/d$（1998 年），莱雅（阿联酋）产能 $36370m^3/d$（2005 年）和富查伊拉二号（阿联酋）产能 $38670m^3/d$（2007 年）[45]。

MVC-MED 设备的功耗高于 TVC-MED（如上所述），通常为 $7\sim12kW\cdot h/m^3$[26]。TVC-MED 的电耗通常约为 $1kW\cdot h/m^3$[39]，甚至低于常规 MED。而 MVC-MED 设备则不需要热源。

如上所述，与其他热脱盐工艺（如 MSF 和 MED）相比，TVC-MED 和 MVC-MED 是应用最广泛的蒸汽驱动工艺。其主要优缺点罗列如下[22,46]。

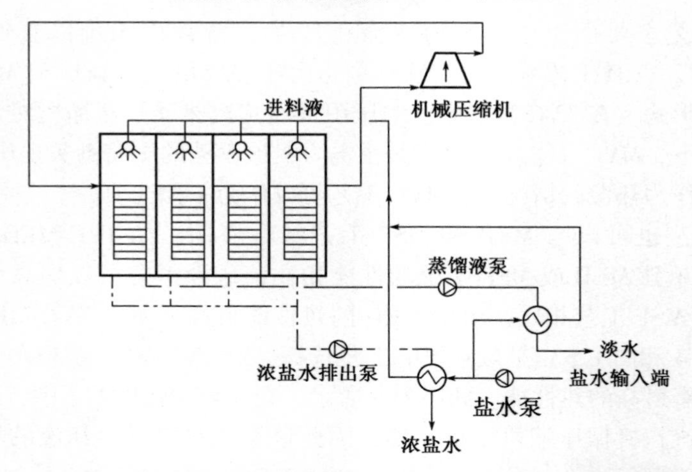

图 1.5 应用于海水的水平降膜蒸发器的机械蒸汽压缩多效蒸馏设备示意图

优点：

①工作温度低；

②淡水水质好；

③不需要蒸汽管路和冷却液（MVC-MED）；

④热性能最高（TVC-MED）；

⑤泵耗功率最低（TVC-MED）；

⑥工艺极其稳定可靠；

⑦热压缩机不易受损（TVC-MED）；

⑧工作人数要求极少。

缺点：

①建设成本高（高资本成本）；

②易腐蚀；

③泵耗功率高（MVC-MED）；

④与 MED 和 TVC-MED 相比，由于机械压缩机成本较高，所以 MVC-MED 工艺投资成本较高。

1.3.2 无相变工艺

此类工艺使盐水通过膜来提取淡水，并不涉及相变，主要代表有 RO 工艺。膜基海水淡化厂[13]主要由不可再生能源供电，在全球海水淡化厂的组成中占主要部分。

渗透现象是基于浓度梯度，使溶液（盐水）中的溶剂通过半透膜。例如，若用半透膜将淡水和盐水隔开，由于两介质之间的浓度梯度，淡水（低浓缩介质）将向盐水（高浓缩介质）移动，以达到系统整体浓度平衡，这种运动可以由渗透压原理解释。因此，通过逐渐增加盐水侧的压力（相对于渗透压方向），直到施加的压力等于渗透压，水将停止通过半透膜。此时，若在盐水侧再加压将使淡水沿相反方向流动，不再向盐水测渗透，因此实现了淡水从盐水中分离的目标，这个过程就称为反渗透。所施加的压力与渗透压之间的压力差是 RO 工艺中决定通过膜的淡水量的关键因素之一（图 1.6）[47]。根据进水水质，技术和膜类型，可使淡化水量达到总进水量的 30%～80%[27]。

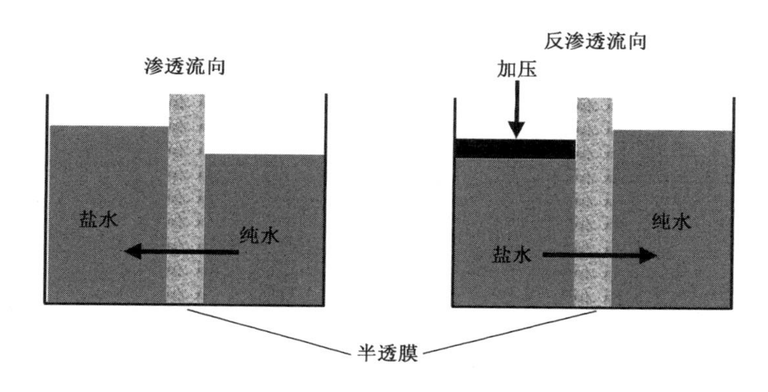

图 1.6 渗透与反渗透

典型的 RO 工艺流程包括四个主要部分，即预处理单元，高压泵，反渗透膜和后处理单元（图 1.7）。单级 RO 生产的淡水盐度低于 500mg/L TDS[27]。进水的预处理是 RO 设备的重要组成部分，以防止膜结垢。因为不发生相变，所以 RO 设备中能量主要用于对进水加压。RO 设备在海水淡化应用中的标准电能耗为 3～7kW·h/m^3[48～50]。

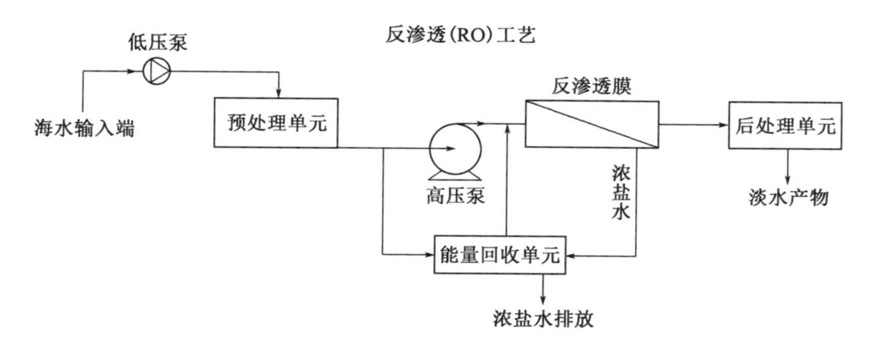

图 1.7 典型反渗透（RO）设备示意图

与其他脱盐工艺相比，由于膜成本逐渐降低和能量回收装置的开发[51]，RO 成为发展最快的工艺，2012 年 RO 工艺占总产能 63%的份额[15]。此技术的主要优缺点罗列如下[22,27,38]。

优点：

①易于构建，操作简单；

②可通过增设模块来扩展容量且易于操作；

③能耗低；

④无需热源；

⑤对清洁剂需求较少；

⑥不需要关闭整个设备进行定期维护。

缺点：

①半透膜较昂贵且使用寿命短（2~5年）；

②对进水的盐度较敏感；

③对物料和设备质量要求高；

④可能被微生物污染；

⑤对进水的预处理要求较高；

⑥高压运行会导致机械故障。

1.4 海水淡化工艺的能源消耗和环境影响

海水淡化被认为是一个能源密集型过程，但它只占国家能源消费总量的一小部分[50]。家庭中淡化水的能源消耗仅占家庭能源总消耗的3.2%，其中包括了电力、燃气和燃料等[52]。

海水淡化工艺主要需要大量的电能和热能。而随着材料的升级、工艺的改进和竞争的加剧，热处理和膜处理相结合的海水淡化工艺也变得越来越廉价[6]。全球海水淡化设备的增设速度正在提高，2012年时的装机数量预计比上年增加约55%[6]。由于能源密集型产业对能源的需求，海水淡化越来越高的应用率意味着全球能源使用量在大幅上升。从某些角度来看，全世界用于海水淡化的能源总量已经与瑞典等小型工业化国家的总能源需求量持平[53]。

淡水生产30%~50%的成本与淡化过程的能源消耗有关[50]；这个比例使节能问题成为水价下降的关键因素。因此，对于那些使用工业余热或可再生能源（如地热能和太阳能）的工艺来说，任何对能源利用和生产效率的改进都显得尤为重要[54]。

理论状态下，脱盐所需的最低能量是满足海水中分离淡水这一等温可逆过程所需的能量，此数据与工艺无关，完全是浓度和膜回收率的函数。膜回收率为0时，浓度为35mg/m^3 的NaCl溶液的理论临界值为0.79kW·h/m^3[52]；回收率为50%时，这一数值变为1.06kW·h/m^3[55]。由选用的脱盐工艺性质决定了所有不可逆过程消耗的能量，而脱盐过程中实际消耗的能量还要比这部分多。例如在热法海水淡化厂中，这些不可逆的过程大部分与热传递有关。MSF和MED

工艺都消耗热能和电能。中低压蒸汽（作为热源）最高温度达到120℃的典型MSF设备，生产淡水的热能耗约为12kW·h/m^3，而工作温度较低（低于70℃）的MED设备的热能耗约为6kW·h/m^3[56]。这些工艺的电能耗也增加了其总能耗。相比之下，RO工艺仅在海水淡化过程中消耗3～7kW·h/m^{3}的电能[50,52,56,57]。因此，与MED和MSF工艺相比，RO工艺的总能耗更接近于最小理论能耗临界值。但这并不意味着RO工艺的产品单位成本一定低于热处理工艺。除了能源消耗之外，还有许多其他问题可能会影响产品成本。这些将在第7章进一步讨论。

如上所述，淡水生产30%～50%的成本与淡化过程的能源消耗有关，即电能和热能。例如，RO工艺具备的高效性完全建立在高电能耗的基础上，尤其是在运行高压泵时。对于例如MSF和MED的热处理工艺，除了电能耗外还会消耗大量的热能。因此，在综合考虑产量、经济可行性和环境友好性的基础上，应尽可能减少能源消耗来优化海水淡化方案[41]。在这方面，已经证明将可再生能源应用于海水淡化在技术上和经济上都是可行的，而且加强研究淡化技术以纳入可再生能源技术，已成为今后无可争议的目标[54]。

尽管比可再生能源更经济，但化石燃料的使用也应该考虑其环境影响，包括温室效应，二氧化碳排放和相关的环境污染等。能源和环境问题是密不可分的，因为海水淡化过程所用的能源在其生产过程中会产生潜在的环境影响。而且，海水淡化过程本身的设计和管理也会对环境造成影响[50]。MSF和MED等热处理工艺排放的CO_2、NO_x、SO_x等气体和浓缩盐水是影响环境的两大因素[58]。废气与供能过程直接相关，所以使用任何可持续能源（如工业余热、地热能或太阳能）来替代化石燃料，都可以大大减少这些温室气体的排放。目前有观点认为，在当前最先进的海水RO厂中，生产每立方米淡水会排放约1.4～1.8kg的二氧化碳[55,59～61]。

海水淡化厂的环境影响并不只限于温室气体。海水进水系统、浓盐水排放过程和能量逸散（热扩散）都可能影响海洋生物，并引起局部区域盐度和温度的升高[56]。海水进水系统的影响主要与海洋生物的冲击和夹带有关[2,23,56]。通过在较低的滨外海域设置筛网、将发电厂的冷却水重新利用作为淡化厂的进水来减少进海水量，并对低速开放式进水口进行定位，可能在很大程度上使冲击和夹带问题的影响降到最低[23,55,56]。盐水排入海洋会提高当地的温度和盐度。许多研究表明，盐度的略微升高可能对环境不会造成影响[50]，而且可以用其他来源的废水对海水淡化厂的废水进行预处理，例如电厂冷却水可以解决高盐度的环境影响问题[56]。预处理、后处理和洗涤过程会将重金属、除泡剂、防垢剂、凝结剂和清洁化学品等化学物质排放到海洋中，这些化学物质是公认的环境危害，追踪这些物质对环境的冲击是一个重要的课题[62]。为避免热扩散的影响，废水在进入海洋之前会进行最大限度的散热[56]。索马里瓦(Sommariva)等[58]展示了设备性能和热环境影响之间的明确关系：设备性能越好，环境影响越小。

目前对海水淡化的环境影响已经进行了大量研究[50,52,55~58,63]，ISO 14000是一种对脱盐设备进行环境影响评估的标准，但仍处于早期开发阶段[58]。

参考文献

[1] I. A. Shiklomanov, J. C. Rodda, World Water Resources at the Beginning of the Twenty-First Century, in: International Hydrology Series 2003, Cambridge University Press, 2003.

[2] H. Cooley, P. H. Gleick, G. Wolff, Desalination, with a Grain of Salt a California Perspective, Pacific Institute for Studies in Development, Environment, and Security, Oakland, California, June 2006.

[3] S. Kalogirou, Seawater desalination using renewable energy sources, Prog. Energy Combust. Sci. 31 (3) (2005) 242-281.

[4] A. D. Khawaji, I. K. Kutubkhanah, J. -M. Wie, Advances in seawater desalination technologies, Desalination 221 (1-3) (March 2008) 47-69.

[5] T. F. Stocker, D. Qin, G. -K. Plattner, M. M. B. Tignor, S. K. Allen, J. Boschung, A. Nauels, Y. Xia, V. Bex, P. M. Midgley, Climate Change 2013 the Physical Science Basis Working Group I Contribution to the Fifth Assessment Report of the Intergovernmental Panel on Climate Change, Cambridge University Press, New York, USA, 2013.

[6] N. Ghaffour, T. M. Missimer, G. L. Amy, Technical review and evaluation of the economics of water desalination: current and future challenges for better water supply sustainability, Desalination 309 (2013) 197-207.

[7] R. Einav, K. Harussi, D. Periy, The footprint of the desalination processes on the environment, Desalination 152 (2002) 141-154.

[8] R. F. Service, Desalination freshens up, Science 313 (80) (2006) 1088-1090.

[9] M. W. Rosegrant, X. Cai, S. A. Cline, Global water outlook to 2025 averting an impending crisis, New Engl. J. Public Policy 21 (2) (2007) 102-127.

[10] I. C. Karagiannis, P. G. Soldatos, Water desalination cost literature: review and assessment, Desalination 223 (2008) 448-456.

[11] H. Fath, A. Sadik, T. Mezher, Present and future trend in the production and energy consumption of desalinated water in GCC countries, Int. J. Therm. Environ. Eng. 5 (2) (2013) 155-165.

[12] J. R. Hillamana, E. Baydoun, Overview of the roles of energy and water in addressing global food security, Int. J. Therm. Environ. Eng. 4 (2) (2012) 149-156.

[13] M. K. Wittholz, B. K. O' Neill, C. B. Colby, D. Lewis, Estimating the cost of desalination plants using a cost database, Desalination 229 (1-3) (September 2008) 10-20.

[14] L. Henthorne, T. Pankratz, S. Murphy, The state of desalination 2011, in: IDA World Congress on Desalination and Water Reuse, Desalination: Sustainable Solutions for a Thirsty Planet, 2011.

[15] T. Pankratz, IDA Desalination Yearbook 2012-2013, Media Analytics Ltd., Oxford, 2013.

[16] IDA, Desalination by the Numbers, 2016 [Online]. Available: http://idadesal.org/desalination-101/desalination-by-the-numbers/.

[17] D. Harper, Online Etymology Dictionary, 2015 [Online]. Available: http://www.etymonline.com/.

[18] Waterworks Museum, Back to basics with desalination, World Pumps 2012 (9) (2010) 32-34.

[19] E. Delyannis, Historic background of desalination and renewable energies, Sol. Energy 75 (5) (November 2003) 357-366.

[20] P. Simon, Tapped Out: The Coming World Crisis in Water and What We Can Do about It, Welcome Rain Publishers, New York, 1998.

[21] S. Parekh, M. M. Farid, J. R. Selman, S. Al-Hallaj, Solar desalination with a humidification-dehumidification technique - a comprehensive technical review, Desalination 160 (2004) 167-186.

[22] H. T. El-Dessouky, H. M. Ettouney, Fundamentals of Salt Water Desalination, Elsevier Science B. V., 2002.

[23] NRC, Desalination: A National Perspective. Committee on Advancing Desalination Technology, Water Science and Technology Board, National Research Council (NRC) of the U. S. National Academies, Washington D. C., 2008.

[24] M. Telkes, Solar Distiller for Life Rafts, US Office of Science, R&D Report No. 5225, P/B. 21120, 1945.

[25] S. Lattemann, M. D. Kennedy, J. C. Schippers, G. Amy, Chapter 2 Global desalination situation, in: Sustainability Science and Engineering, Sustainable Water for the Future: Water Recycling Versus Desalination, vol. 2, Elsevier B. V., 2010, pp. 7-39.

[26] O. K. Buros, The ABCs of Desalting, second ed., USA: International Desalination Association (IDA), Massachusetts, 1999.

[27] AFFA, Introduction to Desalination Technologies in Australia, Department of Agriculture, Fisheries & Forestry e Australia, Turner, ACT, 2002.

[28] R. Borsani, S. Rebagliati, Fundamentals and costing of MSF desalination plants and comparison with other technologies, Desalination 182 (1-3) (November 2005) 29-37.

[29] S. A. Kalogirou, Solar energy for seawater desalination selection of the best system based on techno-economic factors, in: Mediterranean Conference on Renewable Energy Sources for Water Production, 1996, pp. 10-12.

[30] IDA, Desalting Plants Inventory, 2011 [Online]. Available: http://www.desaldata.com.

[31] K. S. Spiegler, A. D. K. Laird, Principles of Desalination, second ed., Academic Press, New York, 1980.

[32] A. M. Al-Mudaiheem, H. Miyamura, Construction and commissioning of Al Jobail phase II desalination plant, in: Second IDA World Congress on Desalination and Water Re-use, 1998, pp. 1-11.

[33] H. El-Dessouky, I. Alatiqi, H. Ettouney, Process synthesis: the multi-stage flash desalination system, Desalination 115 (2) (July 1998) 155-179.

[34] H. El-Dessouky, H. Ettouney, H. Al-Fulaij, F. Mandani, Multistage flash desalination combined with thermal vapor compression, Chem. Eng. Process. 39 (4) (July 2000) 343-356.

[35] A. M. Helal, M. Odeh, The once-through MSF design. Feasibility for future large capacity desalination plants, Desalination 166 (August 2004) 25-39.

[36] A. M. Helal, Once-through and brine recirculation MSF designs a comparative study, Desalination 171 (2004) 33-60.

[37] C. Sommariva, R. Borsani, M. I. Butt, A. H. Sultan, Reduction of power requirements for MSF desalination plants: the example of Al Taweelah B, Desalination 108 (1996) 37-42.

[38] ASIRC, KPMG, ATSE, Overview of Treatment Processes for the Production of Fit for Purpose Water: Desalination and Membrane Technologies, Australian Sustainable Industry Research Centre LTD, ASIRC Report No.: R05-2207, Monash University, Churchill, VIC, 2005, p. 3824.

[39] M. Al-Shammiri, M. Safar, Multi-effect distillation plants: state of the art, Desalination 126 (1-3) (November 1999) 45-59.

[40] A. Ophir, F. Lokiec, Advanced MED process for most economical sea water desalination, Desalination

182 (1-3) (November 2005) 187-198.

[41] B. Rahimi, A. Christ, K. Regenauer-Lieb, H. T. Chua, A novel process for low grade heat driven desalination, Desalination 351 (October 2014) 202-212.

[42] J. Laborie, Scaling in the Sea Water Evaporators, SIDEM Co., Veolia Environnement, France, 2004.

[43] A. A. Al-Karaghouli, L. L. Kazmerski, Renewable energy opportunities in water desalination, in: Desalination, Trends and Technologies, InTech, 2011, pp. 149-184.

[44] I. S. Al-Mutaz, I. Wazeer, Development of a steady-state mathematical model for MEE-TVC desalination plants, Desalination 351 (2014) 9-18.

[45] SIDEM, Selected References, 2014 [Online]. Available: http://www.sidem-desalination.com/en/main-references/case-studies/.

[46] SIDEM, Multiple Effect Distillation Using Mechanical Vapour Compression, 2014 [Online]. Available: http://www.sidem-desalination.com/en/Process/MED/MED-MVC/.

[47] AFFA, Economic and Technical Assessment of Desalination Technologies in Australia: With Particular Reference to National Action Plan Priority Regions, Department of Agriculture, Fisheries & Forestry-Australia, Turner, ACT, 2002.

[48] I. Moch, A 21st century study of global seawater reverse osmosis operating and capital costs, in: Proceeding of the IDA World Congress on Desalination and Water Reuse, in Manama, Bahrain, 2002.

[49] B. Rowlinson, D. Gunasekera, A. Troccoli, Potential role of renewable energy in water desalination in Australia, J. Renew. Sustain. Energy 4 (1) (2012) 013108.

[50] S. Miller, H. Shemer, R. Semiat, Energy and environmental issues in desalination, Desalination 366 (December 2015) 2-8.

[51] A. Ghobeity, A. Mitsos, Optimal design and operation of desalination systems: new challenges and recent advances, Curr. Opin. Chem. Eng. 6 (2014) 61-68.

[52] R. Semiat, Energy issues in desalination processes, Environ. Sci. Technol. 42 (22) (2008) 8193-8201.

[53] A. M. El-Nashar, Why use renewable energy for desalination, in: Desalination and Water Resources (DESWARE), Renewable Energy Systems and Desalination, vol. 1, EOLSS Publisher, 2010, pp. 202-215.

[54] B. Rahimi, J. May, A. Christ, K. Regenauer-Lieb, H. T. Chua, Thermo-economic analysis of two novel low grade sensible heat driven desalination processes, Desalination 365 (2015) 316-328.

[55] M. Elimelech, W. A. Phillip, The future of seawater desalination: energy, technology, and the environment, Science 333 (80) (2011) 712-718.

[56] S. Lattemann, T. Höpner, Environmental impact and impact assessment of seawater desalination, Desalination 220 (1-3) (March 2008) 1-15.

[57] A. Subramani, M. Badruzzaman, J. Oppenheimer, J. G. Jacangelo, Energy minimization strategies and renewable energy utilization for desalination: a review, Water Res. 45 (5) (February 2011) 1907-1920.

[58] C. Sommariva, H. Hogg, K. Callister, Environmental impact of seawater desalination: relations between improvement in efficiency and environmental impact, Desalination 167 (August 2004) 439-444.

[59] C. Fritzmann, J. Löwenberg, T. Wintgens, T. Melin, State-of-the-art of reverse osmosis desalination, Desalination 216 (1-3) (October 2007) 1-76.

[60] G. L. Meerganz von Medeazza, 'Direct' and socially-induced environmental impacts of desalination, Desalination 185 (1-3) (November 2005) 57-70.

[61] G. Raluy, L. Serra, J. Uche, Life cycle assessment of MSF, MED and RO desalination technologies, Energy 31 (13) (October 2006) 2361-2372.

[62] The World Bank, Renewable Energy Desalination an Emerging Solution to Close the Water Gap in the Middle East and North Africa, International Bank for Reconstruction and Development/The World Bank, Washington, D. C. , 2012.

[63] T. -K. Liu, H. -Y. Sheu, C. -N. Tseng, Environmental impact assessment of seawater desalination plant under the framework of integrated coastal management, Desalination 326 (October 2013) 10-18.

第2章 低温显热驱动蒸馏

2.1 低温显热源介绍

通常，海水热淡化装置或矿物冶炼业中蒸发装置，大部分都由中低压蒸汽驱动。中低压蒸汽是最有价值和最昂贵的工业能源之一，任何能减少这种珍贵资源消耗的方法都会降低蒸汽锅炉的燃料消耗，从而显著降低生产成本、减少温室气体的排放并减缓全球变暖的趋势。

在海水应用中，淡水生产30%~50%的成本与淡化过程的能源消耗有关[1]，这归结于热淡化过程中的蒸汽消耗。节约能源对降低水价和海水淡化市场很重要。而在工业蒸发单元中，淡水生产这一环节的价格并不是主要问题。因为蒸发过程包括在主要过程中，而且淡水并不是设备的主要产物；所以蒸发系统的任何费用都将反映在最终产品成本中，这一点在不同行业有不同的体现。为此，行之有效的解决方案便是对改良后的蒸发装置所减免的中低压蒸汽量进行评估，这一举措可以有效节约能源并提高经济效益。为此，在保证能源消耗最低的前提下，应考虑海水淡化和工业蒸馏方法的优化[2]，此时低品位废显热源显得尤为重要。

余热能一直是加工行业的重要课题。余热资源管理是加工设备的重要研究方向之一。一般来说，工业热能可分为高温和低温两种。高温热能被称为在工艺中可回收的热量，而低温热能则常被排放到环境中[3]。在温度方面，低温热源的温度临界值范围约为250℃[4]；因此，任何低于此温度的热源都可归为余热。但是在本书中，我们只考虑60~100℃之间的低温热源。如果余热能的介质为液体，则这些低温热源被称为显热源，并在传热过程中随着温度的下降而变化。这些热源由于其低温的特点而适用于最高浓盐水温度约为70℃的常规多效蒸馏（MED）法。

许多工厂都会产生低温余热显热源，而位于沿海地区的工厂产生的这部分余热可以用于海水淡化[3,5~10]。其他一些工厂里，这些余热源可用于内部使用的设备的蒸发过程，如氧化铝精炼厂（见第9章）[11~13]。这些热源的管理一直是加工行业的重要研究课题。海水淡化利用的低温显热源不仅限于工业热废液。出口温度低于100℃[14]的低位地热热源也可用于海水淡化[8,14~22]。

低温显热源的优点之一体现在二氧化碳排放和全球变暖问题方面。如果所用能源来自化石燃料，则淡水生产将促进二氧化碳排放，从而导致全球变暖。相比之下，低温显热源，例如工艺设备产生的余热和地热能，会在最大程度上减少温室气体的产生。

低温显热余热源和可再生能源产生的高温液体是海水淡化工艺比较有前景的可持续能源。它们的潜在价值迄今尚未开发。参考图2.1，对一个可逆过程来说，1kg75℃的热水可以在极限零回收率的情况下从海水中生产5.8kg纯净水。常规热蒸馏技术（如MED）的产水率低于该热力学极限的一个数量级，一个主要原因就是这种热蒸馏技术几乎总是优化于蒸汽驱动的。相比之下，一般技术和通用标准都不适用于显热源，所以需要采取具体的解决方案来激发其潜在的价值[9]。因此，简单地将蒸汽驱动的设计范例套用于显热源会导致其热力学性能较差，图2.1左上角的插图描绘了显热源驱动市售可用的MED系统的性能。该图综合考虑了常用于基准反渗透系统的热力学最小分离功率和将显热源应用于生产功的卡诺效率。

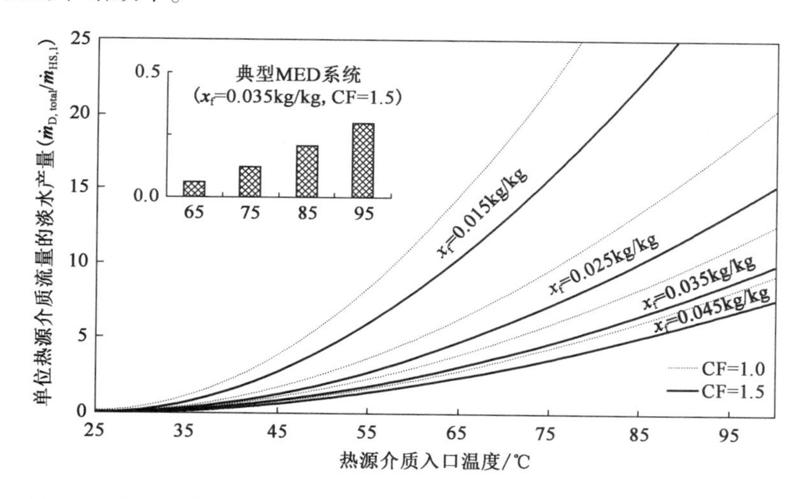

图2.1 在浓缩倍数（CF）分别为1和1.5、冷源温度为25℃的前提下，从热流中得到的热力学极限淡水产量；插图为典型多效蒸馏（MED）系统的产量

本章将介绍作为常规方案的MED（这是结合低温显热源最有效的方法）和作为替代方案以改良常规工艺的预热MED（P-MED）。随后将介绍与MED和P-MED工艺相比，针对低温热驱动脱盐（蒸发）更为优越的新型增强MED（B-MED）[8,23]和闪蒸增强MED（FB-MED）[2,24,25]工艺。

2.2 常规多效蒸馏工艺

由前述已知蒸汽压缩多效蒸馏（TVC-MED）在所有蒸汽驱动的热脱盐工艺

中具有最高的性能[26~28]。与其他热脱盐技术相比，它消耗的电能更少且对热能的利用更加优化。然而，在没有中压蒸汽，且低温显热源（热流体介质）是唯一可用的热源时，会优先选用常规 MED 技术。

MED 是一种成熟的模拟天然水循环的海水淡化技术，利用混合物中不同组分挥发性的差异来实现分离。2013 年，MED 占全球海水淡化产能的 8%[29]。它也适用于多种流体，包括工业废水、拜耳法产生的废液（见第 9 章）或其他污染水体。本章将重点介绍海水淡化，但常规方法对上述任何类型的流体均适用。

在低温显热源（<100℃）的温度范围内，MED 是理想的，因为其最高浓盐水温度在 60~75℃之间变化[2]。该工艺比其他常规热工艺（如多级闪蒸法）更有效。然而，由于出水温度仍然很高，所以此工艺效率仍然较低[9]。图 2.2 显示将常规 MED 系统与低温显热源相结合。在常规 MED 法中，给水被分配到由显热源加热的第一效组的热交换器表面。热源流温度逐渐降低，所产生的蒸汽随后在下一效组的热交换器中冷凝，并作为该效组给水的热源；同时浓盐水被排出。这个过程会一直循环到最后一个效组。最后，产生的蒸汽进入冷凝器，并由作为冷却剂的盐水给水冷凝。

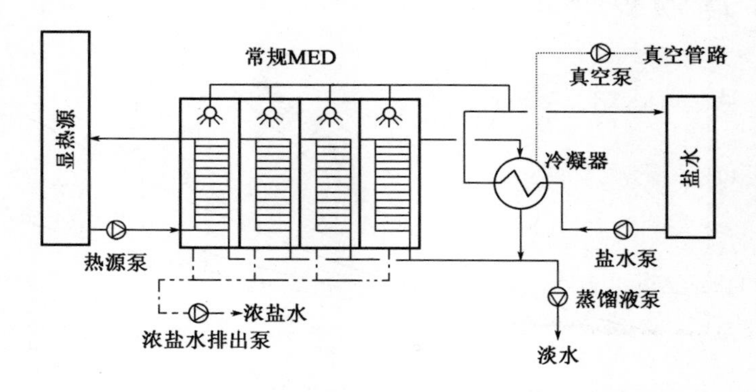

图 2.2 与显热源结合的常规平行进料多效蒸馏系统示意图

2.3 预热多效蒸馏工艺

这种配置使用排出的高温介质对进入效组的给水进行预热（图 2.3）。这样可以提供进水达到沸点所需要的热量。预热多效蒸馏系统的主要优点就是系统固有的简单性，因为只需设液-液换热器即可。而且，于上游效组中投入的热能可由整体效组实现部分能量的回收。这种设计的本质是将给水的预热温度限制到各种效组沸点以下，因为液-液换热器中需要避免任何形式的蒸发。

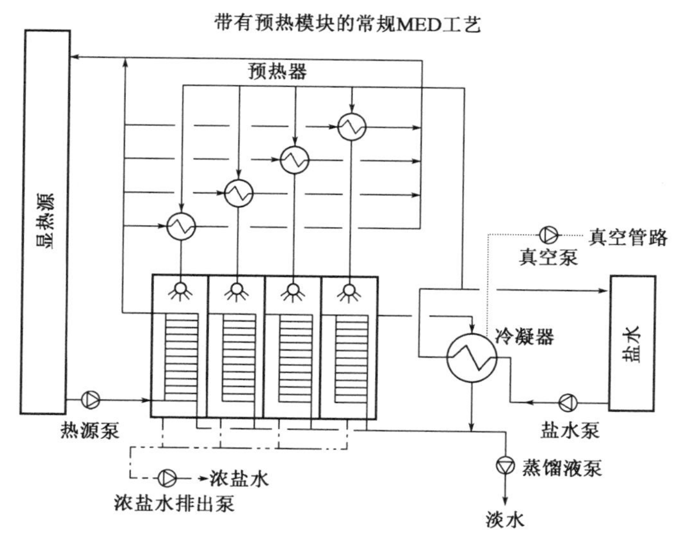

图 2.3 预热多效蒸馏系统示意图

2.4 增强多效蒸馏工艺

对于低温显热源来说，尽可能多地利用热源（在操作和设计条件允许的情况下）可以使生产效率达到最高[30]。如图 2.4 所示，新型 B-MED 工艺采用增强器和蒸发器结合的形式，用于接收已完成为主要 MED 效组供热的热源流体。而仍残留有较多可用热能的热源流体将为蒸发增强器内的更多进水供热。与常规 MED 方案相比，这样会导致热源介质更大的温度降幅[8~10,23,31]。将增强器中产生的蒸汽引入适当的 MED 效组，用作对蒸汽和系统蒸馏生产流程的补充。B-MED 工艺在使用低温热源时热效率极高，产量也大于使用相同热源的优化 MED 的产量[2]。

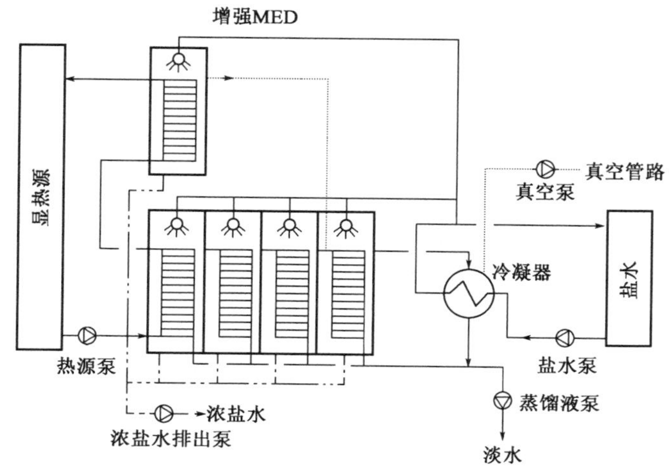

图 2.4 增强多效蒸馏系统（B-MED）示意图

2.5 闪蒸增强多效蒸馏工艺

为了进一步开发显热余热源，目前已经发明了一种改进的系统 FB-MED，如图 2.5 所示[2,24,25]。改进的重点在于系统从余热中最大限度提取热能的能力，并将热能转化用于提高主要 MED 设备的淡水生产能力。为此，系统中安装了多个闪蒸室，以便有效地将余热转化为有价值的蒸汽。如图 2.5 所示，主要 MED 设备输出的热流体继续通过液-液换热器加热给水，该给水已被来自最后一个闪蒸室输出的盐水略微预热。通过该方案提高给水温度，只受液-液换热器的实际靠近温度和最高浓盐水温度所限，并且该方案确保给水温度足够靠近热源离开主要 MED 设备出口时的温度。然后，经过加热的进水经过一系列闪蒸室。每个闪蒸室都会产生额外蒸汽，根据相应的压力/温度差将其引导到适当的主要 MED 效组中，从而提供更多的热量并增加 MED 效组的给水蒸发量。与之前所有的 MED 方法相比，这种蒸汽注入法导致的结果是主要 MED 效组生产的蒸馏液量增加[2]，而此效组仅仅通过添加几个泵、闪蒸室和液-液换热器就可以达到[30]。

FB-MED 系统不局限于上述配置（图 2.5）。参考文献［24］中提到了七种主要配置。而其他更多的配置是基于这七种主要配置进行组合设计的。其中有一种是为矿精炼厂设计的闪蒸增强热蒸汽压缩多效蒸发（FB-TVC-MEE）工艺（见第 9 章）。

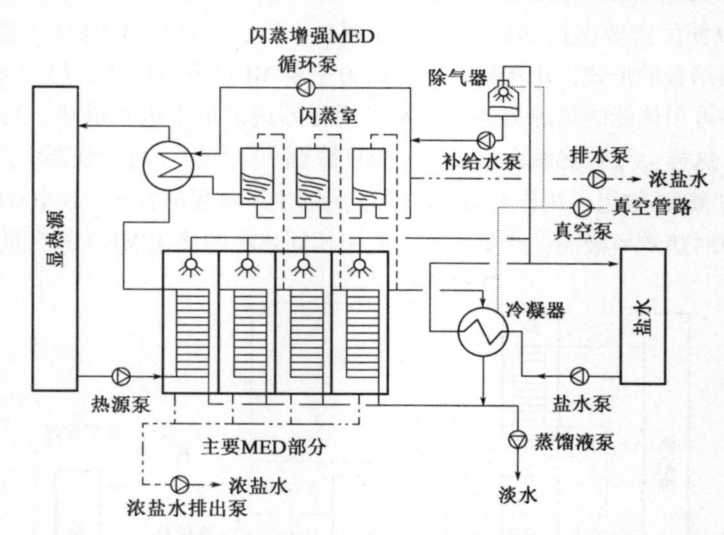

图 2.5　闪蒸增强多效蒸馏（FB-MED）系统示意图（描绘了由三个闪蒸室增效的主要 MED 工艺）

参考文献

[1] S. Miller, H. Shemer, R. Semiat, Energy and environmental issues in desalination, Desalination 366

(December 2015) 2-8.

[2] B. Rahimi, A. Christ, K. Regenauer-Lieb, H. T. Chua, A novel process for low grade heat driven desalination, Desalination 351 (October 2014) 202-212.

[3] Y. Ammar, S. Joyce, R. Norman, Y. Wang, A. P. Roskilly, Low grade thermal energy sources and uses from the process industry in the UK, Appl. Energy 89 (1) (January 2012) 3-20.

[4] Institution of Engineering and Technology, Profiting from Low-Grade Heat (The Watt Committee on Energy Report, No. 26), Institution of Engineering and Technology, London, 1994.

[5] Y. Ammar, H. Li, C. Walsh, P. Thornley, V. Sharifi, A. P. Roskilly, Desalination using low grade heat in the process industry: challenges and perspectives, Appl. Therm. Eng. 48 (December 2012) 446-457.

[6] H. Shih, Evaluating the technologies of thermal desalination using low-grade heat, Desalination 182 (1-3) (November 2005) 461-469.

[7] A. Ophir, F. Lokiec, Advanced MED process for most economical sea water desalination, Desalination 182 (1-3) (November 2005) 187-198.

[8] X. Wang, A. Christ, K. Regenauer-Lieb, K. Hooman, H. T. Chua, Low grade heat driven multi-effect distillation technology, Int. J. Heat Mass Transfer 54 (25-26) (December 2011) 5497-5503.

[9] A. Christ, K. Regenauer-Lieb, H. T. Chua, Thermodynamic optimisation of multi-effect-distillation driven by sensible heat sources, Desalination 336 (2014) 160-167.

[10] A. Christ, X. Wang, K. Regenauer-Lieb, H. T. Chua, Low grade waste heat driven desalination technology, Int. J. Simul. Multi. Design Optim. 5 (2013) 83-92.

[11] B. Rahimi, K. Regenauer-Lieb, H. T. Chua, E. Boom, S. Nicoli, S. Rosenberg, A novel low grade heat driven process to re-concentrate process liquor in alumina refineries, in: 10th International Alumina Quality Workshop (AQW) Conference, Perth, Australia, 19the23rd April, 2015, pp. 327-336.

[12] B. Rahimi, K. Regenauer-Lieb, H. T. Chua, E. Boom, S. Nicoli, S. Rosenberg, A novel low grade heat driven process to re-concentrate process liquor in alumina refineries, Hydrometallurgy 2015 (2015) 327-336.

[13] B. Rahimi, K. Regenauer-Lieb, H. T. Chua, E. Boom, S. Nicoli, S. Rosenberg, A novel flash boosted evaporation process for alumina refineries, Appl. Therm. Eng. 94 (2016) 375-384.

[14] A. M. El-Nashar, Desalination with renewable energyda review, in: Desalination and Water Resources (DESWARE), Renewable Energy Systems and Desalination, vol. 1, EOLSS Publisher, 2010, pp. 88-160.

[15] A. Husain, Renewable energy and desalination systems, in: Desalination and Water Resources (DESWARE), Renewable Energy Systems and Desalination, vol. 1, EOLSS Publisher, 2010, pp. 161-201.

[16] E. Mathioulakis, V. Belessiotis, E. Delyannis, Desalination by using alternative energy: review and state-of-the-art, Desalination 203 (1-3) (February 2007) 346-365.

[17] A. M. El-Nashar, Economics of small solar-assisted multiple-effect stack distillation plants, Desalination 130 (2000) 201-215.

[18] L. Garcia-Rodriguez, Seawater desalination driven by renewable energies: a review, Desalination 143 (2002) 103-113.

[19] K. Karytsas, V. Alexandrou, I. Boukis, The Kimolos geothermal desalination project, in: International Workshop on Possibilities of Geothermal Energy Development in the Aegean Islands Region, Milos Island, Greece, 2002, pp. 206-219.

[20] E. Barbier, Geothermal energy technology and current status: an overview, Renew. Sustain. Energy Rev. 6 (2002) 3-65.

[21] A. M. El-Nashar, Why use renewable energy for desalination, in: Desalination and Water Resources (DESWARE), Renewable Energy Systems and Desalination, vol. 1, EOLSS Publisher, 2010, pp. 202-215.

[22] V. Belessiotis, E. Delyannis, Renewable energy resources, in: Desalination and Water Resources (DESWARE), Renewable Energy Systems and Desalination, vol. 1, EOLSS Publisher, 2010, pp. 49-87.

[23] H. T. Chua, K. Regenauer-Lieb, X. Wang, A Desalination Plant, World Intellectual Property Organization, 2012. WO 2012/003525 A1.

[24] B. Rahimi, H. T. Chua, A. Christ, System and Method for Desalination, World Intellectual Property Organization, 2015. WO 2015/154142 A1.

[25] B. Rahimi, K. Regenauer-Lieb, H. T. Chua, A novel desalination design to better utilise low grade sensible waste heat resources, in: IDA World Congress 2015 on Desalination and Water Reuse, San Diego, US, 30-August to 4-September, 2015.

[26] H. T. El-Dessouky, H. M. Ettouney, Fundamentals of Salt Water Desalination, Elsevier Science B. V., 2002.

[27] M. Al-Shammiri, M. Safar, Multi-effect distillation plants: state of the art, Desalination 126 (1-3) (November 1999) 45-59.

[28] A. A. Al-Karaghouli, L. L. Kazmerski, Renewable energy opportunities in water desalination, in: Desalination, Trends and Technologies, InTech, 2011, pp. 149-184.

[29] T. Pankratz, IDA Desalination Yearbook 2012-2013, Media Analytics Ltd., Oxford, 2013.

[30] B. Rahimi, J. May, A. Christ, K. Regenauer-Lieb, H. T. Chua, Thermo-economic analysis of two novel low grade sensible heat driven desalination processes, Desalination 365 (2015) 316-328.

[31] A. Christ, K. Regenauer-Lieb, H. T. Chua, Development of an advanced low-grade heat driven multi effect distillation technology, in: IDA World Congress on Desalination and Water Reuse, 2013.

第3章 增强多效蒸馏设备中试

3.1 简介

如第2章所述，我们引入了一种新型增强多效蒸馏（B-MED）方法，可以与低温热源配合使用[1,2]。与常规 MED 相比，工艺提升体现在具有了开发低温余热源的能力。

3.2 中试和仪表

中试通过两个串联的单效升膜蒸发器完成（图 3.1 和图 3.2）。蒸发器和冷凝器两部分都使用了阿法拉伐板式换热器，其中每个部分都由 16 个 0.4mm M3-2/PO钛板组成，每个板的表面积为 0.032m^2，自由通道宽 2.4mm，导致加热介质/冷却水侧的设计压降为 0.5bar（1bar = 10^5Pa，余同），用丁腈橡胶垫圈进行密封。输送到蒸发器部分的给水量由弹簧加载阀控制，模块 Ⅰ 的平均进水量为 0.145kg/s，模块 Ⅱ 为 0.132kg/s。

在蒸发器和冷凝器间设置不锈钢网除雾器用以防止蒸汽中携带液滴。监测区内的蒸发组件和全部管道均采用厚度 5 ~20mm 的 Aeroflex 三元乙丙橡胶绝缘，具体厚度取决于局部温度梯度。

在样机上安装两台 4kW 的阿法拉伐离心泵（CNL 40-40/200）用于冷却水供应。然而基于优越的控制特性，整个测试过程中均使用安装在实验室中的压力控制格兰富 CRT16-4（4kW）VSP 泵。每个模块均采用 0.25kW 的 Desmi PWF-1525 离心泵用于淡水抽取。利用组合式盐水喷射抽气泵保证盐水的提取和不凝气体的去除，此设备由输出的冷却水驱动。

由于计划在氧化铝精炼厂进行后续现场测试，因此中试设备是根据澳大利亚矿业法规设计的。为了方便运输，可以将试验台拆分为标准底盘大小的两部分，便于用叉车来装卸。

本章所述的中试是在西澳大利亚州洛金汉市的澳大利亚国家海水淡化中心（NCEDA）进行的。实验室基础设施包括两个距地表分别为 40 ~46m 和 79 ~85m 深的井，从而提供与海水（深层含水层）和低 TDS（总溶解固体）水（浅层含水层）成分相似的给水。水分析结果详见 3.4.2 节。尽管井口温度季节性的波动于 18～21℃之间，然而为了模拟常见的海水温度，试验中使用 36m³ 的储水槽来制备温度达 35℃的批量冷却水。

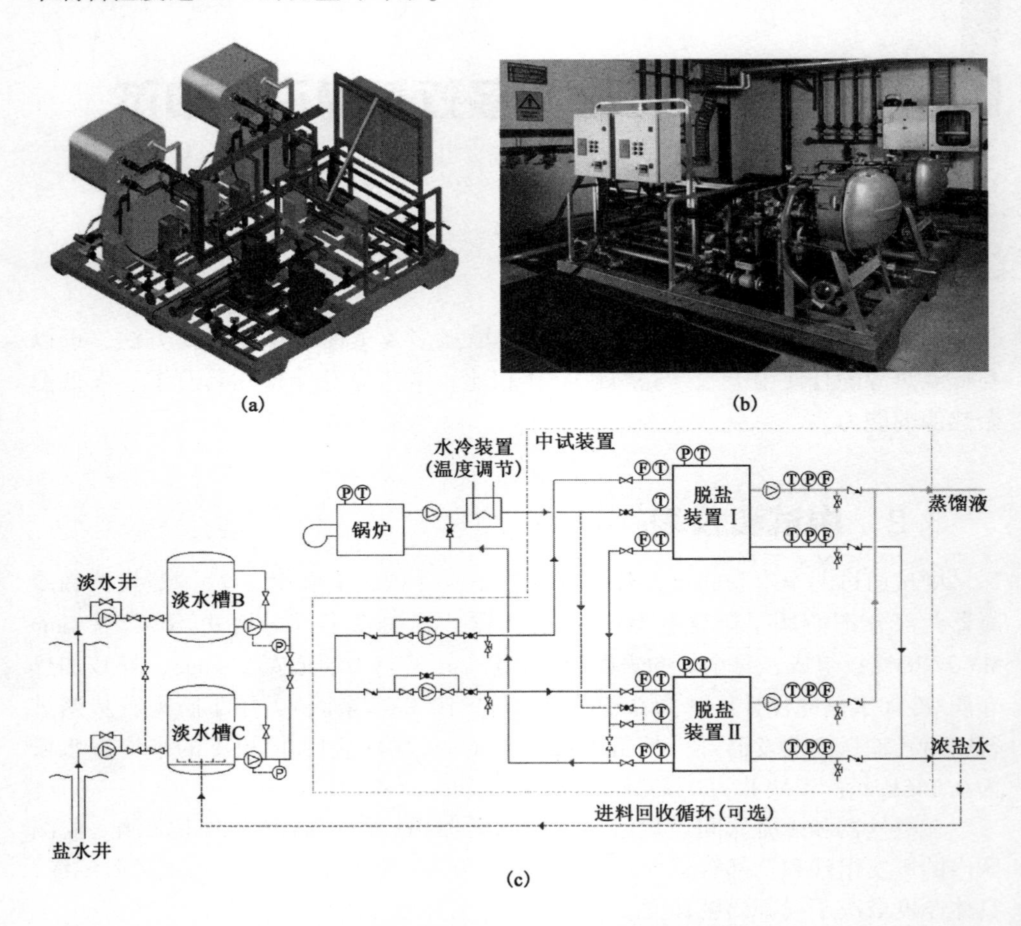

图 3.1 技术图［(a) 和 (c)］和中试设备图（去除绝缘层后）［(b)］[3]

所有的测试都以单程形式进行，将生产的淡水和盐水排出系统。在试验过程中，没有在给水中加除垢剂，也没有进行单独的进料预处理。

利用 90kW 的 ICI REX-9 型锅炉提供的热水对可再生能源或余热源进行模拟，同时配有 Riello 40-GS10 两级风机驱动气体燃烧器，可使热介质输入温度高达 93℃。格兰富 32-80-180 离心泵用于推动流体循环，而热介质的流量大小由中试装置上游连接的支路调节。

为了解除加热系统对温度控制的限制以便加热介质到 75℃，水冷板式换热器设置于中试设备的前端，以排除来自加热介质的热量并保证其所需温度。

在中试过程中监测了所有输入和输出环节的流量和温度以便进行系统分析。此外，在每个单元的冷却水输出端和真空腔都安装了温度传感器。利用压力表来控制单元操作并测定换热器的压降。所有信号输出仪器的记录间隔均为 30s。表 3.1 总结了所用仪器详情。

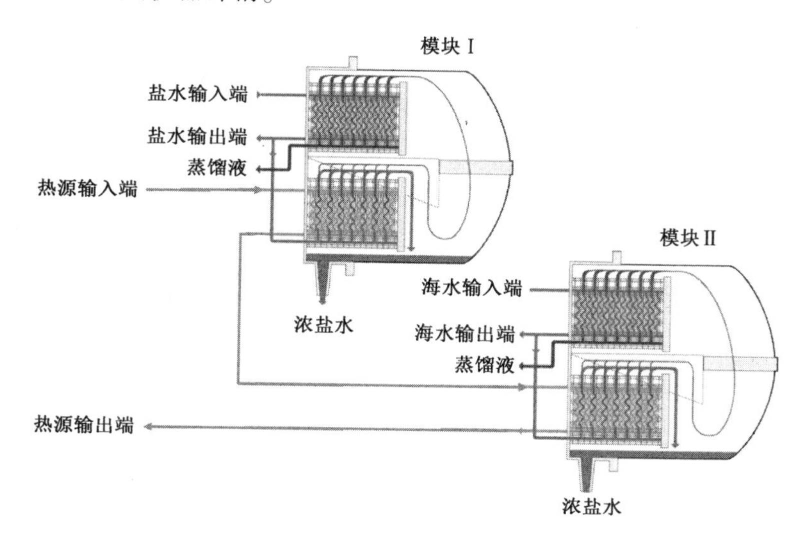

图 3.2 中试设备蒸发器单元的截面示意图[4]（修改自阿法拉伐海洋和柴油产品目录中型号JWP-16/26-C 系列中的 ALFA LAVAL 单效淡水发生器，阿法拉伐公司 AB，2003 年）

表 3.1 仪器明细

	温度	
RTDs	铂 100 1/10DIN，ø3mm	装配分别在 20℃ 和 (100 ± 0.20)℃ 下校准（UKAS）
	流量	
冷却水和浓盐水	西门子电磁流量计 MAG 5100W *DN*25 MAG 6000 变送器 电磁流量计	分别在 $2m^3/h$ 和 $8m^3/h$ ± 0.2% ± 1mm/s 下进行水量校准（NIST）
蒸馏液	西门子 SITRANS FC MASS 2100 DI6 科里奥利流量计	分别在 110kg/h，260kg/h，490kg/h：$\pm\sqrt{0.10^2+\left(\frac{5}{\dot{m}}\right)^2}$ [%] 下校准（NIST）
压力	模拟压力表 WIKA/阿法拉伐	—
数据采集	安捷伦（Agilent）34972A LXI 数据采集开关单元， 安捷伦（Agilent）34901A 多路复用器模块， Bench Link Data Logger Pro 软件	校准（安捷伦自身校准） RTD①：±0.06℃ 流量计①： ±0.050%读数 ±0.005%范围

①测试期间实验室条件下的温度系数可忽略不计。

3.3 过程模拟及验证

为了对系统性能进行理论分析，中试环节构建了稳态过程仿真模型[1,5,6]。数学模型将在第4章中进行详细说明。

利用中试结果对仿真模型进行验证，已经实现了良好的统一性（图3.3）。生产规模较小时，由于温差较小，模拟输入值的测量精度会产生相对较大的误差，即模拟结果误差在实际值的5%范围内。考虑到模拟与实际中试的性质差异，此误差可归为预计的过程损失。

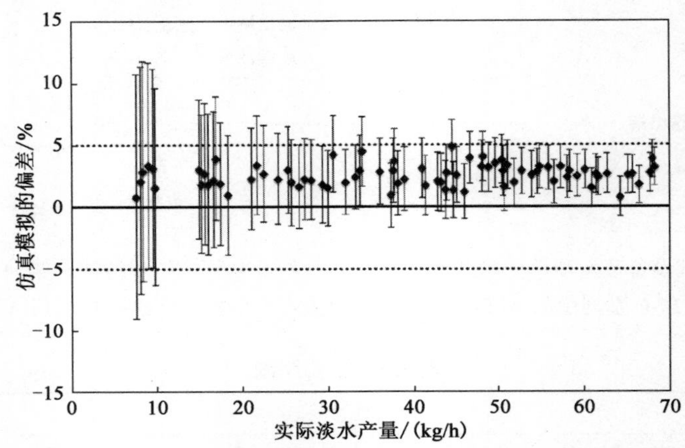

图3.3 模拟结果与实际淡水产量的偏差，误差条指示了由于测量的不精确而导致的模拟过程中输入数据的传播不确定性[3]

3.4 测试结果

在低温显热源（即68～93℃）和冷却水温度范围为20～35℃的条件下，分别用低浓度和高浓度盐水进行一系列试验（表3.2）。除了与系统设计相关的两个模块的温度曲线外，最关键的结果就是与主要蒸发单元关联的下游模块产生的额外蒸馏液量，因为这将确定可注入增强多效蒸馏设备的额外蒸汽量，从而确定其最终的可行性。如图3.4所示的结果，第二模块产生30kg/s的蒸馏液相当于主要模块产量的50%（60kg/s）。

表3.2 水分析[3]

分析物	测试极限	淡水井水样	盐水井水样	模块Ⅰ① 蒸馏液样品	模块Ⅱ① 蒸馏液样品
采样		2013年3月26日	2013年3月26日	2014年4月7日	2014年4月7日
铝/(mg/L)	0.005	<0.005	<0.005	<0.005	0.005

续表

分析物	测试极限	淡水井水样	盐水井水样	模块Ⅰ① 蒸馏液样品	模块Ⅱ① 蒸馏液样品
总碱度/(mg/L)	1	216	146	<1	<1
碳酸氢钠/(mg/L)	1	264	178	<1	<1
硼/(mg/L)	0.02	0.06	3.2	<0.02	<0.02
钙/(mg/L)	0.1	48.6	468	<0.1	<0.1
氯化物/(mg/L)	1	99	15300	1	<1
碳酸盐/(mg/L)	1	<1	<1	<1	<1
电导率/(mS/m)	0.2	75.1	4360	<0.2	<0.2
溶解有机碳/(mg/L)	1	<1.0	<1.0	<1.0	<1.0
氟化物/(mg/L)	0.05	0.68	0.64	<0.05	<0.05
总硬度/(mg/L)	1	190	5600	<1	<1
铁/(mg/L)	0.005	—	—	<0.005	<0.005
铁（Ⅱ）/(mg/L)	0.01	<0.01	<0.01	<0.01	<0.01
铁（Ⅲ）/(mg/L)	0.01	0.07	0.04	0.01	<0.01
总含铁量/(mg/L)	0.01	0.07	0.04	<0.01	<0.01
镁/(mg/L)	0.1	22.7	1070	<0.1	<0.1
锰/(mg/L)	0.001	0.009	0.60	<0.001	<0.001
氨氮/(mg/L)	0.01	0.08	1.1	<0.01	0.14
氮、硝酸盐/(mg/L)	0.01	<0.01	<0.01	<0.01	<0.01
pH值	0.1	7.7	7.2	5.6	5.6
反应性磷溶质/(mg/L)	0.01	0.28	0.07	<0.01	<0.01
钾/(mg/L)	0.1	2.1	258	<0.1	<0.1
反应性硅、钼酸盐/(mg/L)	0.1	12	7.3	<0.1	<0.1
硅/(mg/L)	0.05	5.4	4.6	<0.05	<0.05
钠/(mg/L)	0.1	55.0	8550	<0.1	<0.1
硫黄/(mg/L)	0.1	4.5	800	<0.1	<0.1
硫酸/(mg/L)	1	15	2300	<1	<1
硫化物/(mg/L)	0.01	0.01	<0.01	<0.01	<0.01
阳离子总量/(mg/L)	1	119	10300	<1	<1
总溶解固体/(mg/L)	10	400	22000	<10	<10
总有机碳/(mg/L)	1	<1.0	<1.0	<1.0	<1.0
总悬浮颗粒物/(mg/L)	1	<1	18	<1	<1
浊度/NTU	0.5	<0.5	<0.5	<0.5	<0.5

①样品取自以下工况：介质输入温度78℃、冷却水温度28℃以及盐水进料（盐水井）。

3.4.1 启动

在整个试验中，样机表现出非常稳定的运行（图3.4）以及对载热体输入特性改变的快速反应，如对温度改变的快速反应。在基础设施有能力提供一个上下浮动不超过0.6℃的稳定载热体输入温度的条件下，当流速恒定时可以实现一个非常稳定的长期运行。这使得数据实现了良好的重复性。

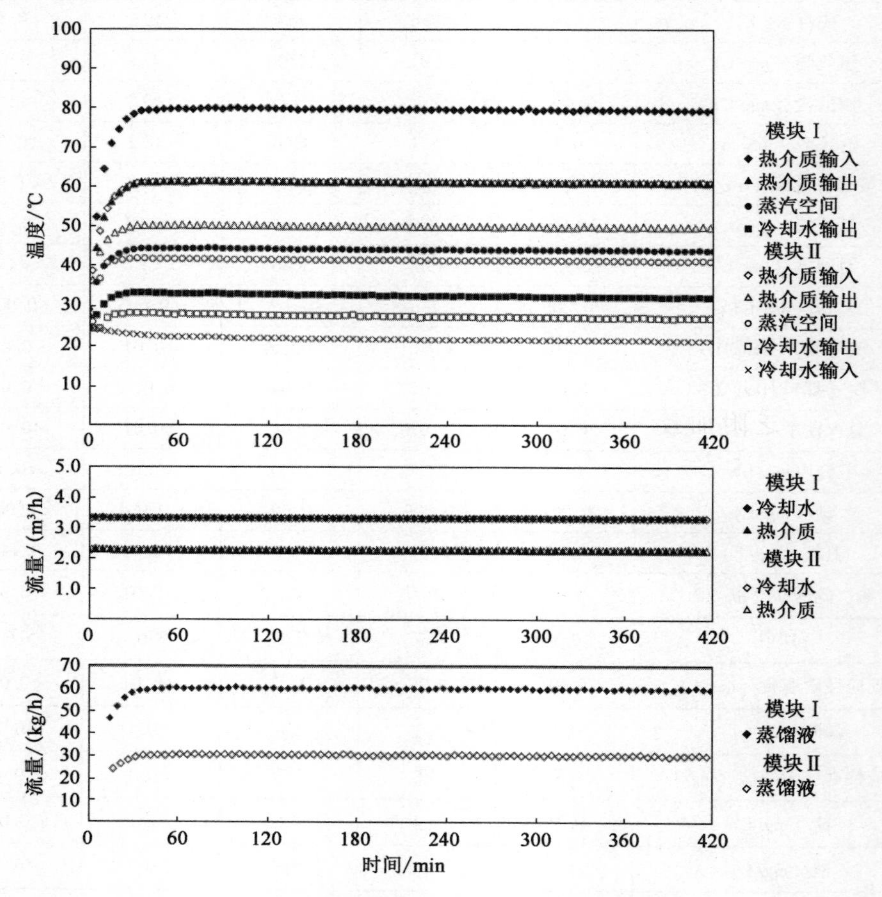

图3.4 样机配置的启动性能与运行稳定性[3]

本书提出的所有测试都进行了时间跨度至少60min的稳定运行，但是为了实现可视化，只截取其中的10min数据用于图样对比分析。样机的启动时间主要由锅炉达到预定运行温度所需要的时间跨度决定，一般情况为40min（图3.4）。蒸发器单元的实际启动时间更短，建立必要的真空环境只需少于约10min。

由于没有使用阻垢剂，经过120h的运行后在蒸发器板进料侧可观察到表面结垢（图3.5）。同时，高达30mm×90mm的固体结垢分别出现在两个模块蒸发器通道的一个区域，该区域通常接收较低的进料流量，并可能会遇到部分停滞。

然而，这种程度的结垢量对操作运行特性和淡水产量没有影响。

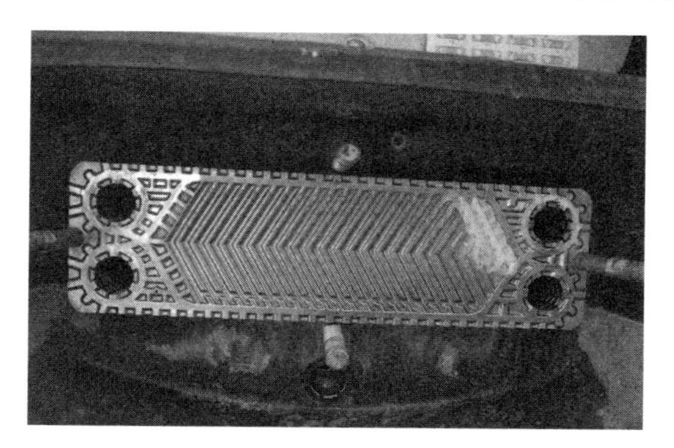

图 3.5 不使用任何阻垢剂的条件下运行
120h 后蒸发器板表面的情况

作为样机辅助功率消耗的一个辅助，热交换器载热体或冷却水侧在操作条件下实际的压降经实验证实为 0.5bar，这表明高效操作是可行的。然而，由于刻意选择冷却水驱动喷射抽气泵抽取浓盐水和不凝气体以配合氧化铝精炼厂现场测试所预期的苛刻条件，冷却水循环的总压降维持在 3.5bar 以上。再加上样机配置中缺乏附加效组，导致在当前的测试条件下，辅助功率消耗超过 30kW · h/m^3，这是一个不具代表性的数据。

3.4.2 产品质量

生产的蒸馏液已经由独立的分析实验室（ChemCentre，WA）进行了分析，实验室展示了两个模块的示例性蒸馏液质量的所有相关参数均在测试极限范围内（表 3.2）。在整个测试期间，频繁的电导率测量也证实了该蒸馏液的质量。由于两台机组的水质差异不明显，因此增强器对主要 MED 的水质没有负面影响。

3.4.3 热源和冷却水温度的效组

热介质的输入温度是影响蒸馏系统产率的一个主要因素，因为它决定了输入系统内部的可用能量。图 3.6 描述了除温度以外所有其他操作参数保持恒定时的一系列测试的结果，限定温度分别为 93℃、85℃、75℃和 68℃。唯一不同的测试是在温度为 93℃下的系列测试，为了达到 93℃的高温，热介质的流速必须降低。一般来说，可用温度梯度越大，热介质温度越高，产量越高。然而，当系统中的能量摄入保持恒定时，虽然温度升高，但是热介质的流速会相应降低，这情况适用于温度为 93℃时的一系列测试，此系列测试工况源于温度为 85℃时的测试，所以其产量与温度为 85℃的生产速率水平相当。

然而，参考图 3.6 中的温度分布，可以看出在两个模块中所使用的温度梯度随着热介质温度的降低而逐渐减小以及下游模块对第一模块输出流的有效利用。在整个测试过程中，第二模块蒸汽空间的温度始终保持 43～45℃，从而演示了在增强 MED 工艺中，蒸汽有足够的压力被注入典型 MED 中的下游效组[7]。

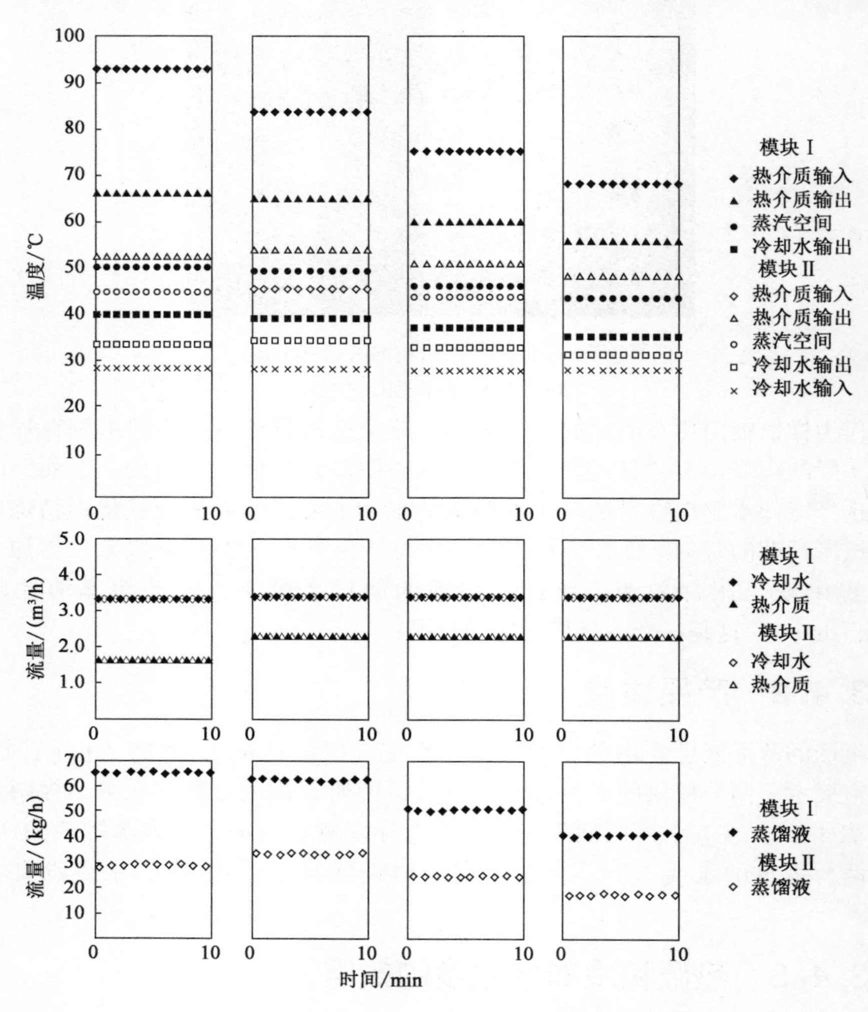

图 3.6　热源输入温度对温度分布及样机性能的影响[3]

热介质温度为 93℃，当输入温度下降并导致沸点温度降低时，第一模块蒸汽空间的温度接近第二模块。冷却水的输出温度是系统能量摄入的一个函数，随着热介质温度的降低，对冷却水的要求也相对降低。由于增强 MED 能产生额外的蒸汽，这意味着随着热介质温度的升高，增强模块所产生的蒸汽流也进而增加。这导致整体生产速率提高，但是随着热源温度的升高，增强器的相对效组通常会递减。

冷却水温度分别为 20℃、28℃和 35℃时测试该单元。图 3.7 显示了当热介质输入温度为 75℃时的测试结果。较高的冷却水温度必然会降低进料达到沸点所需的加热要求，但这优势被模块可用温度差的消减而抵消。当然，升高冷却水的输入温度会使冷却水的输出温度提升，从而限制了模块的最低沸点温度。因此，样机的可得温差降低，从而导致产量下降。对于多效系统，这一现象由于效组数量的减少而加剧，从而直接妨碍了系统的最大淡水产量。

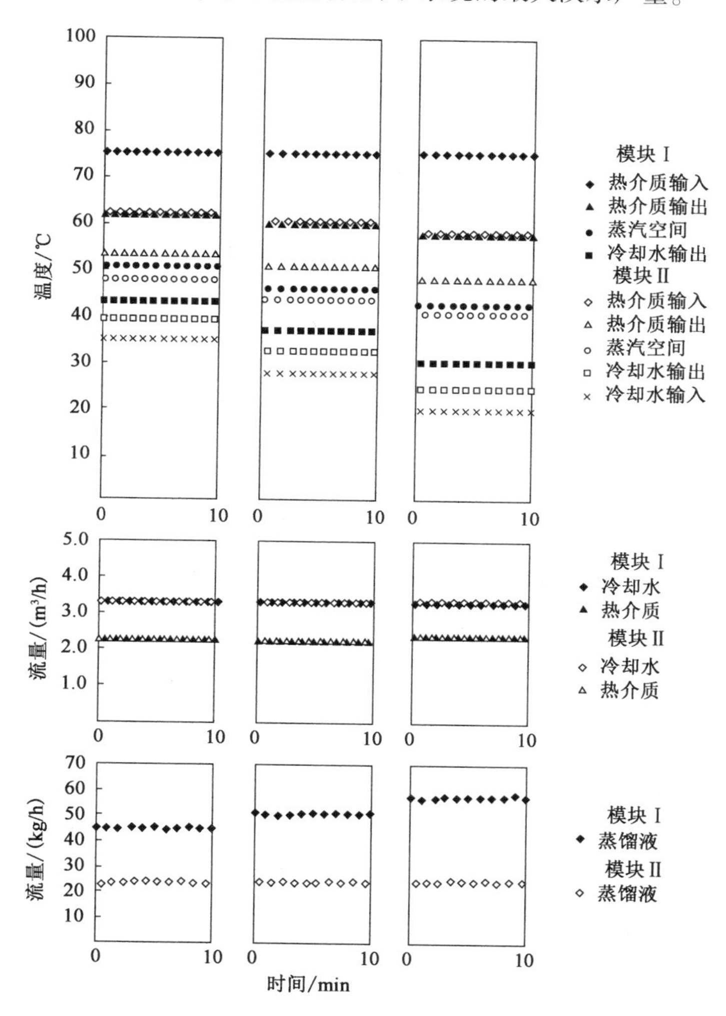

图 3.7 冷却水温度对温度分布及样机试验性能的影响[3]

然而在增强 MED 的方案中，下游模块的蒸汽饱和温度会随着冷却水温度的升高而提升，从而维持了足够的压力以保证额外蒸汽注入 MED 过程中。该模块在测量范围内的实际产量对于冷却水温度的变化是有抵抗能力的，并且对于拟注入而言此产量颇高。

3.4.4 供给水盐度的影响

在整个温度范围内，试验也在两种不同的盐度水平下进行了测试。图 3.8 显示了 TDS 浓度分别为 400mg/L 和 22000mg/L 的试验性能，结果表明，唯一能识别的偏差是由于在较高盐度进料水平下，所伴随的沸点升高的提升所造成的不同模块的空间温度。因此，除了较高进料盐度会提高结垢的可能性之外，在常见盐度范围内，对于增强性能并不会造成任何显著的影响。

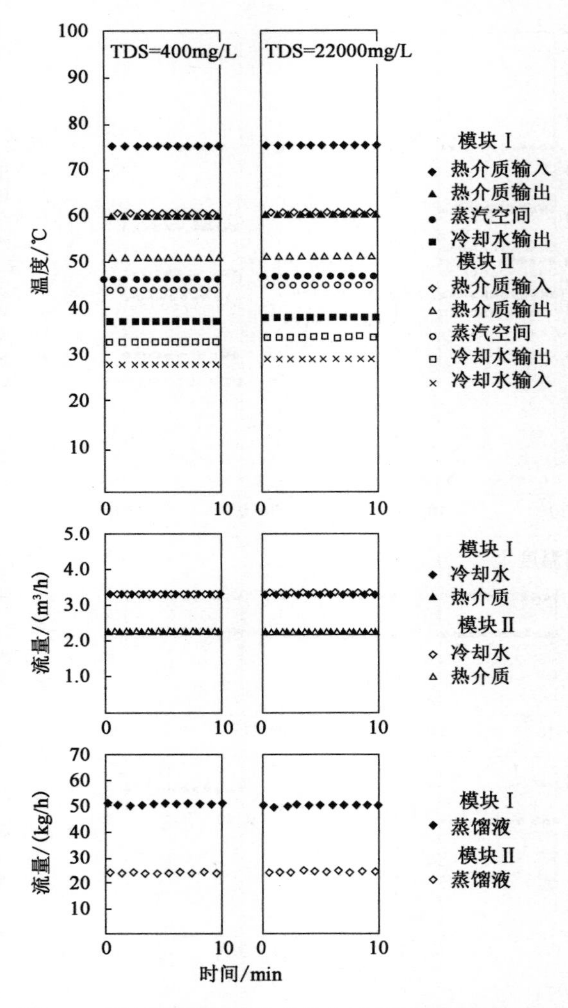

图 3.8 供给水盐度对温度分布及样机性能的影响[3]

3.4.5 增强潜力

根据整个应用范围内淡水生产的结果，下游模块在所有测试条件下都可以产生大量的蒸汽。如图 3.9 所示，基于第二模块所产生的额外蒸汽量，使得可用于主要 MED 过程中的预期增强范围介于 33%～57%。在冷却介质温度为 25℃时，用该装置测试的最低热介质温度为 57℃，由此通过模块 II 可以实现额外的27%的淡水生产量。

这验证了增强 MED 的基本依据，即依赖下游蒸发器产生大量的蒸汽。我们认为，在实际的增强 MED 方案中，主要 MED 和增强器蒸汽的注入都可以得到优化，因此由增强器所产生的最终淡水产量增幅将略低于本书说明的 33% ~ 57%，因为在最终的增强配置中，两个过程流都会经由不同 MED 的效组数而得到重复利用。根据实际的布局和操作条件，本书所述的经由增强器所产生的大量蒸汽在优化的 MED 厂内能实现 15% ~40%[5] 的淡水增量。

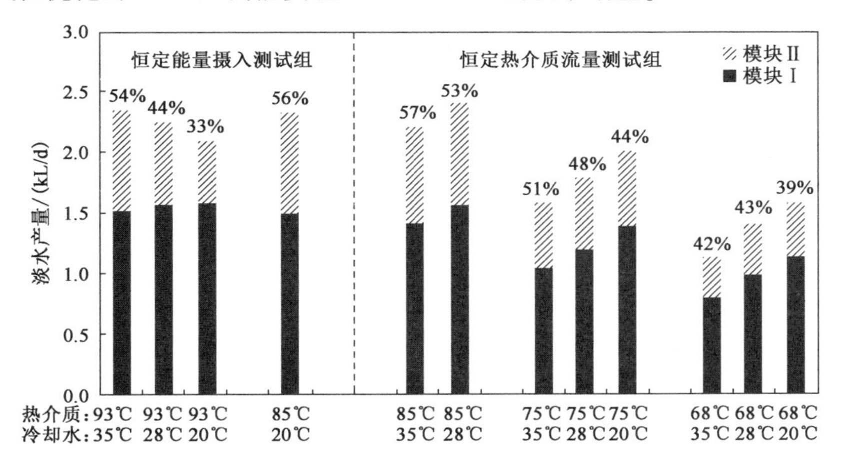

图 3.9　不同温度下两个模块的淡水生产量（每一列上的百分数表示模块Ⅱ在不同温度下的额外产率，该额外产率可用于增强常规多效蒸馏方案[3]）

3.5　结论

改进的 MED 设计克服了适用于显热源的常规 MED 方案所遇到的热力学限制。通过汲取相比于普通系统较大的热介质温差，淡水产量实现了显著提升。这对于余热和可再生能源驱动的海水淡化方案具有重要的现实意义。在 NCEDA 的测试中，样机 2.5m^3/d 的淡水产量已经成功展示了这一设计理念的主要特点。由上游蒸发器模块代表主要 MED 厂第一效组，同一下游蒸发器模块模拟增强 MED 方案中的增强器，并由上游热介质输出流进行驱动，由此我们成功地证明了以下内容：

①下游蒸发器可以生产大量的额外蒸汽，占主要模块产量的 33% ~57%。

②额外蒸汽的沸点足够高以匹配常见 MED 系统的下游效组，从而证明预期蒸汽的注射是可能的。

③两个模块生产的蒸馏液质量都非常高。所有相关参数均不超过测试限制范围。

④虽然热介质的输入温度和冷却水温度会对系统的整体性能造成重大影响，但在测试应用范围内，不能从供给水的 TDS 浓度中看出明显的效组。

⑤用于系统设计和优化的过程仿真模型，经实验证实与样机性能一致。

这验证了增强 MED 方案的主要设计假设，并证明了该概念的一般可行性。该系统的潜力是可以产生大量的额外蒸汽。考虑到预期实地应用的所有经济参数，将在第 8 章中进行更全面的分析。

参考文献

[1] X. Wang, A. Christ, K. Regenauer-Lieb, K. Hooman, H. T. Chua, Low grade heat driven multi-effect distillation technology, Int. J. Heat Mass Transfer 54 (25-26) (December 2011) 5497-5503.

[2] H. T. Chua, K. Regenauer-Lieb, X. Wang, A Desalination Plant, World Intellectual Property Organization, 2012. WO 2012/003525 A1.

[3] A. Christ, K. Regenauer-Lieb, H. T. Chua, Application of the boosted MED process for low-grade heat sources—a pilot plant, Desalination 366 (2015) 47-58.

[4] ALFA LAVAL, Single Effect Freshwater Generator, Model JWP-16/26-C Series, in Alfa Laval Marine & Diesel Product Catalogue, Alfa Laval Corporate AB, 2003.

[5] A. Christ, K. Regenauer-Lieb, H. T. Chua, Thermodynamic optimisation of multi-effect-distillation driven by sensible heat sources, Desalination 336 (2014) 160-167.

[6] A. Christ, X. Wang, K. Regenauer-Lieb, H. T. Chua, Low-grade waste heat driven desalination technology, Int. J. Simul. Multi. Design Optim. 5 (February 2014) A02.

[7] L. Awerbuch, in: Understanding of Thermal Distillation Desalination Processes, IDA Academy, Singapore, 2012.

第4章 数学模拟

4.1 简介

我们的数学模型是基于稳态质量、能量平衡、每个独立单元，亦即效组、冷凝器、热交换器、闪蒸室的传热方程，并将它们和供给水的质量与生产淡水的质量之间的比率相结合建立起来的。在以下章节中，我们将详细介绍各种配置［常规多效蒸馏（MED），预热（P-MED），增强（B-MED）和闪蒸增强（FB-MED）］。为了更好地了解所提出的配置中每个传热单元所发生的情况，本书将绘制相关的温度-能量分布图。UA值作为蒸发器、冷凝器和热交换器等传热单元的基本设计参数也将被详细介绍。

我们的数学模型首先利用Alfa Laval Marine & Diesel（阿法拉伐海洋与柴油）产品目录[1]中提供的单效蒸馏（SED）厂性能数据进行了校准。这些数据列在表4.1中。然后使用校准模型来证明我们提出的设计如P-MED，B-MED和FB-MED工艺所实现的改进。这使我们能够使用阿法拉伐SED厂的数据来验证我们所提出设计的基本依据[1]。最后，我们所提出的设计将应用于MED工艺，以代替在现场操作中常见工况下的SED工艺。

表4.1 阿法拉伐海洋与柴油产品目录中的单效蒸馏厂性能数据

（$T_{C,in}=32℃$，$X_C=35000\times10^{-6}$）[1]

$\dot{m}_{D,total}$ /(m³/d)	$T_{HS,1,in}$ /℃	$T_{HS,1,out}$ /℃	$\dot{m}_{HS,1}$ /(kg/s)	$\dot{Q}_{HS,1}$ /kW	$\dot{m}_C$ /(kg/s)	$\dot{m}_{D,total}$ /(m³/d)	$T_{HS,1,in}$ /℃	$T_{HS,1,out}$ /℃	$\dot{m}_{HS,1}$ /(kg/s)	$\dot{Q}_{HS,1}$ /kW	$\dot{m}_C$ /(kg/s)
1	65	55.2	0.83	34	1.16	2	65	54.3	1.38	62	2.18
	68	57.3	0.69	31	1.16		68	56.1	1.24	62	2.18
	70	58.1	0.72	36	1.16		70	57.0	1.14	62	2.18
	75	59.9	0.55	35	1.16		75	59.7	0.97	62	2.18
	78	61.3	0.50	35	1.16		78	61.6	0.92	63	2.18
	80	63.8	0.47	32	1.16		80	63.0	0.88	63	2.18
	85	68.8	0.47	32	1.16		85	66.9	0.83	63	2.18
	90	70.5	0.42	34	1.16		90	68.8	0.72	64	1.16

续表

$\dot{m}_{D,total}$ /(m³/d)	$T_{HS,1,in}$ /℃	$T_{HS,1,out}$ /℃	$\dot{m}_{HS,1}$ /(kg/s)	$\dot{Q}_{HS,1}$ /kW	$\dot{m}_{C}$ /(kg/s)	$\dot{m}_{D,total}$ /(m³/d)	$T_{HS,1,in}$ /℃	$T_{HS,1,out}$ /℃	$\dot{m}_{HS,1}$ /(kg/s)	$\dot{Q}_{HS,1}$ /kW	$\dot{m}_{C}$ /(kg/s)
3	65	53.5	2.22	107	3.32	7	65	57.3	6.65	215	8.51
	68	56.6	1.94	93	3.32		68	59.6	6.07	214	6.24
	70	53.4	1.58	110	3.32		70	60.8	5.54	214	6.24
	75	58.3	1.50	105	3.32		75	60.9	3.60	213	7.09
	78	59.9	1.38	105	3.32		78	60.7	2.90	211	5.67
	80	63.3	1.33	93	2.18		80	62.8	2.91	210	5.67
	85	66.7	1.33	102	2.18		85	66.7	2.77	213	4.34
	90	65.9	0.97	98	2.18		90	68.4	2.49	226	4.34
4	65	54.4	2.76	123	4.34	10	65	57.2	9.37	307	10.21
	68	56.1	2.48	124	4.34		68	59.5	8.57	306	10.21
	70	57.0	2.66	145	4.34		70	60.9	7.98	305	8.51
	75	61.3	2.21	127	3.32		75	64.5	6.89	304	8.51
	78	61.9	2.04	138	3.32		78	66.7	6.36	302	6.24
	80	62.5	1.71	126	3.32		80	68.3	6.11	300	6.24
	85	66.4	1.60	125	3.32		85	65.3	3.59	297	7.09
	90	66.8	1.36	132	3.32		90	70.4	3.60	296	7.09
5	65	57.7	5.00	153	6.24	15	65	57.1	13.86	460	15.88
	68	57.9	3.61	153	7.09		68	60.6	14.64	455	13.89
	70	57.5	2.91	153	5.67		70	60.8	11.85	458	13.89
	75	60.6	2.76	167	4.34		75	64.4	10.22	455	10.21
	78	61.2	2.27	160	4.34		78	66.6	9.44	452	10.21
	80	62.9	2.21	159	4.34		80	67.9	8.86	450	10.21
	85	66.0	2.04	163	3.32		85	71.8	8.05	446	8.51
	90	68.2	1.77	162	3.32		90	71.7	5.79	445	8.51

图4.1对模拟预测的淡水产量与阿法拉伐单效淡水发生器目录[1]中报道的SED实际淡水产量进行了比较。研究了目录中来自不同热源温度、热源流量和淡水发生器产量的一共48个例子。显然，预测数据与所有48个例子的实际数据都可以很好匹配，且对于大多数例子，预测误差都在5%以内。

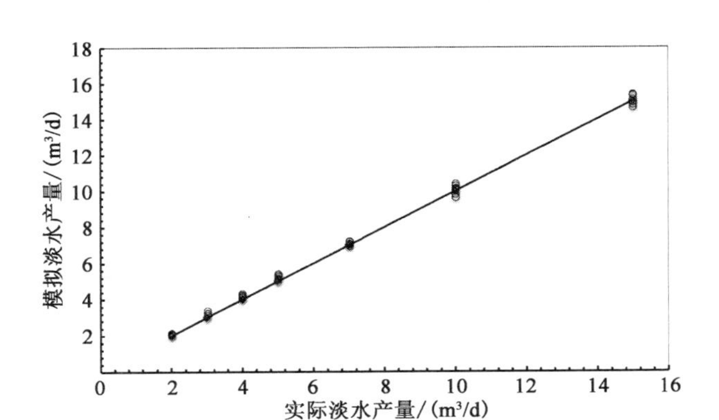

图 4.1 预测的淡水产量与阿法拉伐单效淡水发生器实际淡水产量的比较[1]

4.2 数学模拟方法

与其他热工艺一样，这些工艺的数学模拟包括质量、盐度和能量平衡方程。解方程组中的相关方程以计算产量、功耗、余热性能比、UA 值、各种效组的温度梯度等重要参数以及其他参数，所有这些参数都可用于热经济评估。在 4.2.6 节中，介绍了海水应用方案的相关解决流程。通过对热力学定律以及适当的操作和技术限制设定边界条件，采用广义简约梯度法（GRG）[2]求解方程组。这种数学模型的结果被用于经济分析，这在第 7 章中有详细介绍。

数学模拟假设：

①稳态过程。

②每个效组和闪蒸室的外部热损失可忽略不计。

③供给水入口的温度和盐度恒定。

④除雾器、传输管和冷凝管中蒸汽流压力/温度损失可忽略不计。

⑤所有的冷凝过程均在恒压下进行。

⑥生产的水是纯水。

⑦主要 MED 中所有的效组具有相等和恒定的回收率。

⑧从闪蒸室注射蒸汽到相关的 MED 效组有 500Pa 的压差[3]。

⑨每一个主要 MED 效组，都需在冷凝蒸汽温度（热源）和出口浓盐水或浓缩进料温度之间考虑恒定的 2.5℃的温差[4,5]。

对于数学模拟，所有配置的各个部分都需编写质量、盐度和能量平衡方程，这将在以下各小节中进行说明。这些部分包括主要 MED 的第一效组、第二效组到最终效组（包括 B-MED 和 FB-MED 过程的注射效组）、冷凝器、预热器（用于 P-MED 过程）、B-MED 工艺的增强器、浓盐水加热器、除气器和 FB-MED 过程中一系列的闪蒸室。

对于水、蒸汽和海水的性质，分别采用由美国国家标准与技术研究院

(NIST)[6]开发的 REFPROP 软件包(REFerence fluid PROPerties)和参考文献[7]来计算其数值。本书还参考了文献[8~13]所报道的 NaOH 的性质(见第9章)。

4.2.1 常规多效蒸馏工艺

如图 4.2 所示,显热驱动的常规 MED 包括三个主要部分:

①以热液作为热源驱动的第一效组。

②以蒸汽驱动的第二到最终蒸发器效组的。

③以盐水冷却的最终冷凝器(用于海水)。

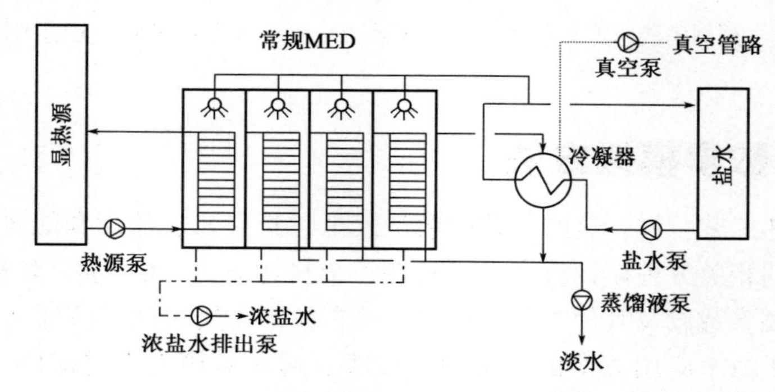

图 4.2 与显热源相结合的四效常规多效蒸馏方法的示意图

所有 n-MED 效组(第一到最后)的蒸发侧的质量和盐度平衡写作($k \in \{1, \cdots, n\}$):

$$\dot{m}_{F,k} = \dot{m}_{B,k} + \dot{m}_{V,k} \tag{4.1}$$

$$\dot{m}_{F,k} X_{F,k} = \dot{m}_{B,k} X_{B,k} \tag{4.2}$$

参考进料-蒸汽比(R)和回收率(RF)的定义

$$R = \frac{1}{\mathrm{RF}} = \frac{\dot{m}_F}{\dot{m}_V} \tag{4.3}$$

出口浓缩进料的质量流量和盐度(在海水应用中也称为浓盐水)可以写为:

$$\dot{m}_{B,k} = (R-1)\dot{m}_{V,k} = \left(\frac{R-1}{R}\right)\dot{m}_{F,k} \tag{4.4}$$

和:

$$X_{B,k} = \left(\frac{R}{R-1}\right) X_{F,k} \tag{4.5}$$

MED 系统中第一效组、第二效组到最终效组、冷凝器等各部分的能量衡算应该分开写,所有这些都将在下面进行解释。

4.2.1.1 第一效组

第一效组的进出口如图 4.3 所示。如第 2 章所述,热介质进入该效组后释放其显热能,热介质温度下降然后离开该效组。释放的能量被转移到入口进料流,后者从顶部分布到热管或热板上（取决于蒸发器的类型）。浓缩进料流（在海水的应用称为浓盐水）经由位于底部的进料流侧出口排出，然后将流向第二效组的蒸汽用作该效组的热源。

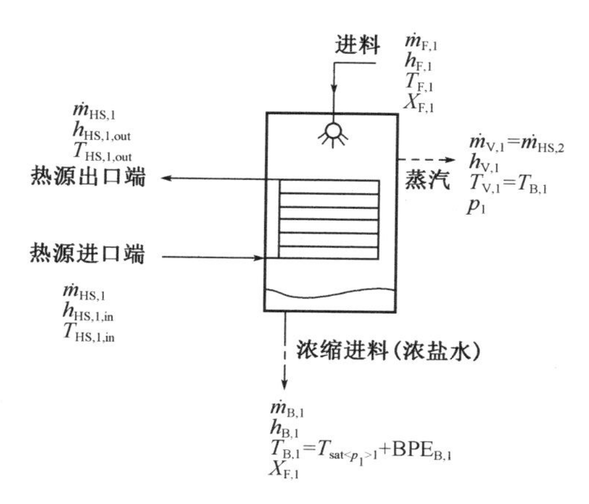

图4.3 第一效组的原理图设计

(1) 能量衡算

第一效组的能量衡算根据图4.3可写作：

$$\dot{m}_{F,1}h_{F,1}+\dot{m}_{HS,1}h_{HS,1,in}=\dot{m}_{HS,1}h_{HS,1,out}+\dot{m}_{V,1}h_{V,1}+\dot{m}_{B,1}h_{B,1} \quad (4.6)$$

$h_{F,1}$是供给水的焓，是其温度和盐度的函数（海水应用见附录A），即：

$$h_{F,1}=h_{f_{F\langle T_{F,1},X_{F,1}\rangle}} \quad (4.6.1)$$

$h_{HS,1,in}$和$h_{HS,1,out}$分别是第一效组中热介质的入口焓和出口焓。在使用冷凝蒸汽（纯水）作为热源的情况下，这些焓只是温度的函数（在饱和的情况下），并且可以从蒸汽表或相关软件包（如REFPROP）[6]中求得；否则，这些焓就是介质温度和盐度的函数，应根据其相关方程计算。

$$h_{HS,1,in}=h_{f_{HS\langle T_{HS,1,in},X_{HS,1}\rangle}} \quad (4.6.2)$$

$$h_{HS,1,out}=h_{f_{HS\langle T_{HS,1,out},X_{HS,1}\rangle}} \quad (4.6.3)$$

$h_{V,1}$是产生的蒸汽焓，如方程（4.6.4）所示，其在海水应用中略微过热，并且在氧化铝精炼厂中的过程液应用中完全过热（参见第9章）。在后一种情况下，产生的蒸汽压力等于效组的压力（p_1），但其温度因为沸点升高（BPE）而明显超过p_1的饱和温度，通过（$T_{V,1}=T_{B,1}=T_{sat\langle p_1\rangle}+BPE_{B,1}>T_{sat\langle p_1\rangle}$）。在海水应用中，BPE不超过1℃（见附录B），因此过热度很小，可忽略不计，但在氧化铝或其他矿物精炼过程中的液体，BPE（为温度和浓度的函数，见附录B）可以超过10℃，形成相当程度的过热蒸汽，因此：

$$h_{V,1}=h_{g_{V\langle T_{B,1},p_1\rangle}} \quad (4.6.4)$$

h_{g_V}可以从过热蒸汽表或相关软件包（如NIST REFPROP[6]）求得。

$h_{B,1}$是浓缩出口流在其温度和盐度下的焓。

$$h_{B,1} = h_{f_{B}\langle T_{B,1},x_{B,1}\rangle} \tag{4.6.5}$$

重新排列公式（4.6）后我们可以得到：

$$\dot{m}_{HS,1}(h_{HS,1,in} - h_{HS,1,out}) = \dot{m}_{V,1}h_{V,1} + \dot{m}_{B,1}h_{B,1} - \dot{m}_{F,1}h_{F,1} \tag{4.7}$$

公式（4.7）的等号左边是热源在第一效组中释放的能量（$\dot{Q}_{HS,1}$）。结合公式（4.4）和公式（4.7），能量平衡方程可写作：

$$\dot{Q}_{HS,1} = \dot{m}_{F,1}\left[\frac{1}{R}h_{V,1} + \left(\frac{R-1}{R}\right)h_{B,1} - h_{F,1}\right] \tag{4.8}$$

（2）温度能谱和 UA 值

图 4.4 表示热源和经过第一效组的进料的一般温度能谱。在这一效组中，蒸发器的热源温度下降，而进料温度首先（显示为区域 1 的预热区域）根据其浓度以及当前的压力（p_1）（可感知的热传递）从入口温度升高到相关沸腾温度（$T_{B*,1} = T_{sat\langle p_1\rangle} + BPE_{B*,1}$），然后在蒸发过程（蒸发区，显示为区域 2）中进一步增加，因为持续的浓缩导致沸点升高（BPE），逐步上升至相关的沸腾温度（$T_{B,1} = T_{sat\langle p_1\rangle} + BPE_{B,1}$）。因此，由于预热区域和蒸发区域的热传递类型不同，有两个不同的 UA 值。在海水应用中，由于 BPE 在蒸发过程中几乎没有变化（$BPE_{B*,1} \approx BPE_{B,1}$），近似相等的关系是保守合理的，即进料温度保持恒定（$T_{B*,1} = T_{B,1}$）。在这些方程中，$BPE_{B*,1}$和 $BPE_{B,1}$分别是入口进料和出口浓缩流的 BPE。

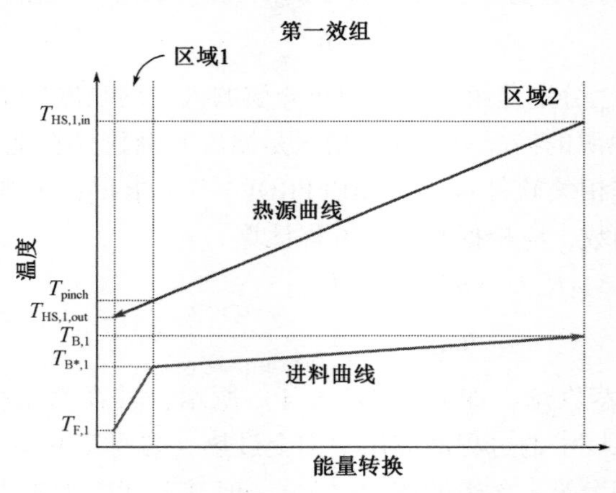

图 4.4　第一效组的温度能谱图

在海水淡化（第 8 章）和过程液再浓缩（第 9 章）的情况下，预热区（区域 1）占总能量转移的 5%以下，因此可以忽略不计。粗略估计可以看出，在 30～60℃的温度范围内，温度升高 30℃时，液相中单位质量纯水的焓变等于 125.45kJ/kg，而当温度为 60℃时，单位质量纯水蒸发所需的能量为 2357.70kJ/kg，比显热焓变（即 125.45kJ/kg）大约 19 倍。因此，第一效组的总体 U 值（传热系数，单位为 $kW/m^2 \cdot K$）实际上即为蒸发区（区域 2）中显-潜热传递的 U_{z2}。

要计算两个不同区域的 UA 值，应计算第一效组蒸发器的夹点温度（如图 4.4 所示）。为此，第一个区域的能量平衡（图 4.4）可写作：

$$\dot{m}_{HS,1}\left(h_{f_{HS\langle T_{pinch},X_{HS,1}\rangle}} - h_{f_{HS\langle T_{HS,1,out},X_{HS,1}\rangle}}\right) = \dot{m}_{F,1}\left(h_{f_{F\langle T_{B*,1},X_{F,1}\rangle}} - h_{f_{F\langle T_{F,1},X_{F,1}\rangle}}\right) \tag{4.9}$$

等式右边是进料在第一区域接受的能量（$\dot{Q}_{F,1,z1}$），等式左边是同一区域中热源所释放的能量（$\dot{Q}_{HS,1,z1}$）。因此，T_{pinch}是公式（4.10）中的内插值：

$$h_{f_{HS\langle T_{pinch},X_{HS,1}\rangle}} = \frac{\dot{m}_{F,1}}{\dot{m}_{HS,1}} \times \left(h_{f_{F\langle T_{B*,1},X_{F,1}\rangle}} - h_{f_{F\langle T_{F,1},X_{F,1}\rangle}}\right) + h_{f_{HS\langle T_{HS,1,out},X_{HS,1}\rangle}} \tag{4.10}$$

UA 值可由下式计算：

$$(UA)_{1,z1} = \frac{\dot{Q}_{HS,1,z1}}{\Delta T_{lm,1,z1}} \tag{4.11}$$

而：

$$\Delta T_{lm,1,z1} = \frac{(T_{HS,1,out} - T_{F,1}) - (T_{pinch} - T_{B*,1})}{\ln\left(\dfrac{T_{HS,1,out} - T_{F,1}}{T_{pinch} - T_{B*,1}}\right)} \tag{4.12}$$

可以将相同的方法应用于第二个区域，以找出相关的 UA 值，因此：

$$(UA)_{1,z2} = \frac{\dot{Q}_{HS,1,z2}}{\Delta T_{lm,1,z2}} \tag{4.13}$$

而：

$$\dot{Q}_{HS,1,z2} = \dot{m}_{HS,1}\left(h_{f_{HS\langle T_{HS,1,in},X_{HS,1}\rangle}} - h_{f_{HS\langle T_{pinch},X_{HS,1}\rangle}}\right) \tag{4.14}$$

$$\Delta T_{lm,1,z2} = \frac{(T_{HS,1,in} - T_{B,1}) - (T_{pinch} - T_{B*,1})}{\ln\left(\dfrac{T_{HS,1,in} - T_{B,1}}{T_{pinch} - T_{B*,1}}\right)} \tag{4.15}$$

如前所述，$(UA)_{1,z2} \gg (UA)_{1,z1}$，这意味着在很大程度上：

$$(UA)_1 \approx (UA)_{1,z2} \tag{4.16}$$

4.2.1.2 第二效组到最终效组

图 4.5 代表了第二效组到最终效组的入口端和出口端。如前所述，将各效组中产生的蒸汽用作热源，以给接下来的效组供能。管内的蒸汽冷凝后，其能量被释放出来用于蒸发供给水，能量从顶部分布到热管或板上（取决于蒸发器的类型）。根据过热度，过热蒸汽减温至其现行压力下的相关饱和温度（$T_{sat\langle p_k\rangle}$），然后冷凝（在恒定压力下）。与第一效组一样，产生的蒸汽继续为之后的效组供能，将产生的浓缩进料从该效组的底部排出。

（1）能量衡算

如图 4.5 所示，第二效组到最终效组的能量衡算可写作：

$$\dot{m}_{HS,k}\left(h_{HS,k,in} - h_{f_{sat\langle p_{k-1}\rangle}}\right) = \dot{m}_{V,k}h_{V,k} + \dot{m}_{B,k}h_{B,k} - \dot{m}_{F,k}h_{F,k} \tag{4.17}$$

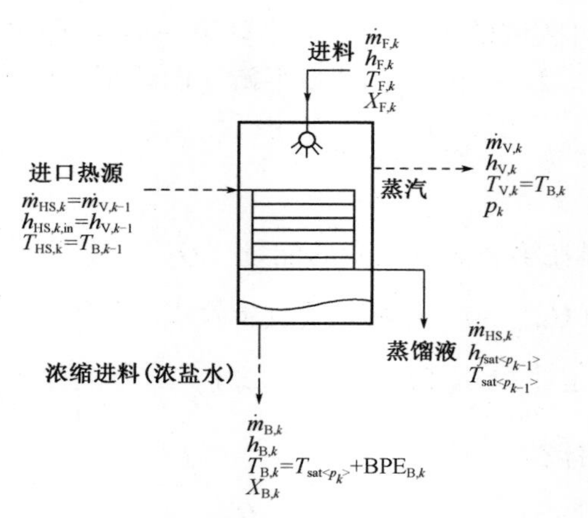

图 4.5 第二效组到最终效组的原理图设计($k \in \{2, \cdots, n\}$)

公式(4.17)的等式左边是热源释放的能量($\dot{Q}_{HS,k}$)。可以看出，公式(4.17)和公式(4.7)的差别只关乎等式左侧，这与不同类型的热传递有关。在第一效组中，热源温度下降而其相位没有变化，但是对于第二效组到最终效组，蒸发的热源首先经过减温，然后进行冷凝。重新排列和组合公式(4.4)后，($\dot{Q}_{HS,k}$)可以写成：

$$\dot{Q}_{HS,k} = \dot{m}_{F,k}\left[\frac{1}{R}h_{V,k} + \left(\frac{R-1}{R}\right)h_{B,k} - h_{F,k}\right] \tag{4.18}$$

(2)温度能谱与 UA 值

图 4.6 显示了第二效组到最终效组的一般温度能谱。如前所述，这些效组的热源是由前面的效组产生的过热蒸汽提供的。根据该图所示，过热蒸汽首先被降温至在前面效组在区域 1(过热区)中的相关饱和温度，然后冷凝。相比之下，如果进料流的饱和压力小于该效组的现行压力，则第二效组到最终效组的进料温度曲线的趋势与第一效组相同，如图 4.6(a)所示。因此，在这种情况下，进料温度升高到预热区域(区域 1、2)中的相关沸腾温度，然后在蒸发过程(区域 3)中进一步升温[然而，正如第 4.2.1.1(2)节所述，两种温度近似相等，在海水应用中可以认为温度保持恒定]。在区域 1 中，在减温过程中，供给水温度首先升高到 $T_{F*,k}$。在海水和过程液应用中，供给水温度在该区域不能达到沸点温度，因此 $T_{F*,k} < T_{B*,k}$。然而，减温所需的换热器面积对蒸发器的资本、成本投入有很大的影响；这将在第 9 章过程液浓缩过程的应用中详细讨论，此应用的过热度远远高于海水应用中的过热度。在这些效组中，如前所述，蒸发区(区域 3)的 U 值是整体 U 值的一个简单合理近似值。

如前所述，在图 4.6(a)的区域 1 中，供给水温度将达到 $T_{F*,k}$，低于其沸点温度。$T_{F*,k}$是能量衡算方程中的内插值，可以写作：

$$h_{f_{F\langle T_{F*,k},X_{F,k}\rangle}} = \frac{\dot{m}_{HS,k}}{\dot{m}_{F,k}} \times (h_{HS,k,in} - h_{g_{sat\langle p_{k-1}\rangle}}) + h_{f_{F\langle T_{F,k},X_{F,k}\rangle}} \tag{4.19}$$

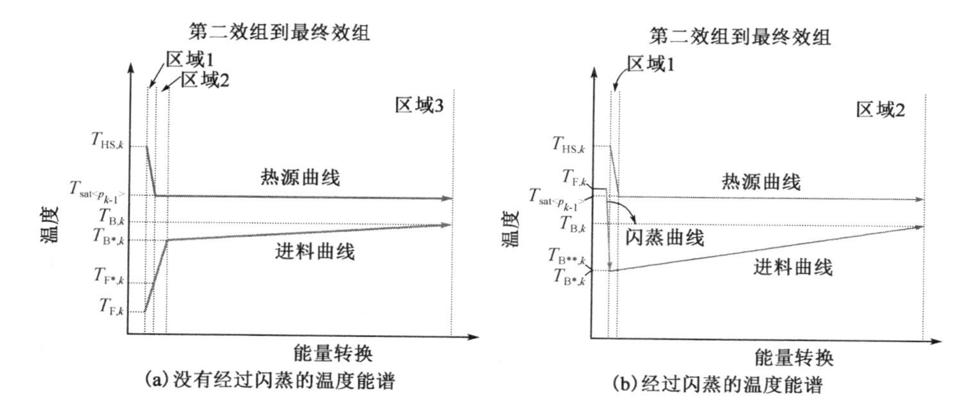

图 4.6 进料流在第二效组至最终效组的温度能谱

而：

$$h_{\mathrm{HS},k,\mathrm{in}} = h_{g_{\mathrm{V}\langle T_{\mathrm{HS},k}, p_{k-1}\rangle}} \tag{4.19.1}$$

因此，UA 值可以这样计算：

$$(\mathrm{UA})_{k,\mathrm{z1}} = \frac{\dot{m}_{\mathrm{HS},k}\left(h_{\mathrm{HS},k,\mathrm{in}} - h_{g_{\mathrm{sat}\langle p_{k-1}\rangle}}\right)}{\Delta T_{\mathrm{lm},k,\mathrm{z1}}} \tag{4.20}$$

而：

$$\Delta T_{\mathrm{lm},k,\mathrm{z1}} = \frac{\left(T_{\mathrm{sat}\langle p_{k-1}\rangle} - T_{\mathrm{F}^*,k}\right) - \left(T_{\mathrm{HS},k} - T_{\mathrm{F},k}\right)}{\ln\left(\dfrac{T_{\mathrm{sat}\langle p_{k-1}\rangle} - T_{\mathrm{F}^*,k}}{T_{\mathrm{HS},k} - T_{\mathrm{F},k}}\right)} \tag{4.21}$$

在区域 2 中，管内蒸汽冷凝的同时，供给水温度上升到其相关沸点。因此 UA 值可以这样计算：

$$(\mathrm{UA})_{k,\mathrm{z2}} = \frac{\dot{m}_{\mathrm{F},k}\left(h_{f_{\mathrm{F}\langle T_{\mathrm{B}^*,k}, X_{\mathrm{F},k}\rangle}} - h_{f_{\mathrm{F}\langle T_{\mathrm{F}^*,k}, X_{\mathrm{F},k}\rangle}}\right)}{\Delta T_{\mathrm{lm},k,\mathrm{z2}}} \tag{4.22}$$

而：

$$\Delta T_{\mathrm{lm},k,\mathrm{z2}} = \frac{\left(T_{\mathrm{sat}\langle p_{k-1}\rangle} - T_{\mathrm{B}^*,k}\right) - \left(T_{\mathrm{sat}\langle p_{k-1}\rangle} - T_{\mathrm{F}^*,k}\right)}{\ln\left(\dfrac{T_{\mathrm{sat}\langle p_{k-1}\rangle} - T_{\mathrm{B}^*,k}}{T_{\mathrm{sat}\langle p_{k-1}\rangle} - T_{\mathrm{F}^*,k}}\right)} \tag{4.23}$$

根据区域 2 和区域 3 之间阈值处的蒸汽焓计算管内蒸气质量 x，可以根据能量平衡方程式写作：

$$h'_{g_k} = h_{g_{\mathrm{sat}\langle p_{k-1}\rangle}} - \frac{\dot{m}_{\mathrm{F},k}}{\dot{m}_{\mathrm{HS},k}} \times \left(h_{f_{\mathrm{F}\langle T_{\mathrm{B}^*,k}, X_{\mathrm{F},k}\rangle}} - h_{f_{\mathrm{F}\langle T_{\mathrm{F}^*,k}, X_{\mathrm{F},k}\rangle}}\right) \tag{4.24}$$

因此：

$$x = \frac{h'_{g_k} - h_{f_{\mathrm{sat}\langle p_{k-1}\rangle}}}{h_{g_{\mathrm{sat}\langle p_{k-1}\rangle}} - h_{f_{\mathrm{sat}\langle p_{k-1}\rangle}}} \tag{4.25}$$

在此应用中，质量 x 不低于 98%。

最后，对于区域 3，相关的 UA 值可以这样计算：

$$(UA)_{k,z3} = \frac{\dot{m}_{HS,k}(h'_{g_k} - h_{f_{sat\langle p_{k-1}\rangle}})}{\Delta T_{k,z3}} \tag{4.26}$$

而：

$$\Delta T_{lm,k,z3} = \frac{(T_{sat\langle p_{k-1}\rangle} - T_{B*,k}) - (T_{sat\langle p_{k-1}\rangle} - T_{B,k})}{\ln\left(\frac{T_{sat\langle p_{k-1}\rangle} - T_{B*,k}}{T_{sat\langle p_{k-1}\rangle} - T_{B,k}}\right)} \tag{4.27}$$

在海水应用中，由于蒸发发生在有效的恒定温度下，热源与供给水之间的恒定温差为（$\Delta T_{lm,k,z3} = T_{sat\langle p_{k-1}\rangle} - T_{B,k}$）。

如图 4.6（b）所示，有时候进料的饱和压力大于对应效组的压力。这种情况下，在进料被分配到各管道之前，当压力和温度降低时，进料量的闪蒸可以忽略不计（大多数情况下小于 1%，见第 9 章）。在这些效组中，入口进料温度与相关的进料沸腾温度可视为相等，[$T_{B*,k}$（与其浓度有关）]，与相关效组的压力相对应，如图 4.6（b）所示。温度降低后，进料一旦分配到管上就会发生蒸发过程。

如图 4.6（b）所示，在这些效组的区域 1 中，热源蒸气降温所需的能量可以忽略不计（见第 9 章）。在降温过程中，进料流温度上升到 $T_{B**,k}$。在此种情况下，由于降温区释放的能量很少，所以可以认为两种温度近似相等，即 $T_{B*,k} = T_{B**,k}$。

如图 4.6（b）所示，当进料流在效组入口处闪蒸时，区域 1 的 UA 值可以这样计算：

$$(UA)_{k,z1} = \frac{\dot{m}_{HS,k}(h_{g_{V\langle T_{HS,k},p_{k-1}\rangle}} - h_{g_{sat\langle p_{k-1}\rangle}})}{\Delta T_{lm,k,z1}} \tag{4.28}$$

而：

$$\Delta T_{lm,k,z1} = \frac{(T_{HS,k} - T_{B*,k}) - (T_{sat\langle p_{k-1}\rangle} - T_{B*,k})}{\ln\left(\frac{T_{HS,k} - T_{B*,k}}{T_{sat\langle p_{k-1}\rangle} - T_{B*,k}}\right)} \tag{4.29}$$

在区域 2，有：

$$(UA)_{k,z2} = \frac{\dot{m}_{HS,k}(h_{g_{sat\langle p_{k-1}\rangle}} - h_{f_{sat\langle p_{k-1}\rangle}})}{\Delta T_{lm,k,z2}} \tag{4.30}$$

而：

$$\Delta T_{lm,k,z2} = \frac{(T_{sat\langle p_{k-1}\rangle} - T_{B*,k}) - (T_{sat\langle p_{k-1}\rangle} - T_{B,k})}{\ln\left(\frac{T_{sat\langle p_{k-1}\rangle} - T_{B*,k}}{T_{sat\langle p_{k-1}\rangle} - T_{B,k}}\right)} \tag{4.31}$$

4.2.1.3 冷凝器

冷凝器（图 4.7）位于最后一个效组之后，用来冷凝最后产生的蒸汽（从最后一个效组中产生)。在海水应用中，海水作为冷却剂。在我们的实验中，对于所有的海水应用模拟，入口海水温度规定为28℃。热交换器内的过热蒸汽在冷凝过程中释放的能量被冷却水吸收。冷凝器中已经预热的出口冷却水有一部分用于脱盐过程中所需的供给水（在海水应用中)，剩余的那部分被排入大海。在矿物精炼应用（第9章）中，出口冷却水被排放到蒸发池，也称为回收湖。

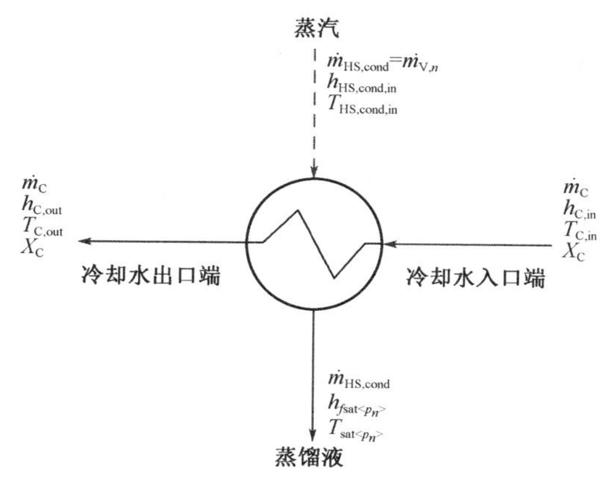

图4.7 冷凝器的设计示意图

(1) 能量衡算

根据能量平衡方程计算所需冷却剂的质量流量，可以记作：

$$\dot{m}_{HS,cond}(h_{HS,cond,in}-h_{HS,cond,out})=\dot{m}_C(h_{C,out}-h_{C,in}) \tag{4.32}$$

等号左边是从热边释放的能量（$\dot{Q}_{HS,cond}$）以及：

$$\dot{m}_{HS,cond}=\dot{m}_{V,n} \tag{4.32.1}$$

$$h_{HS,cond,in}=h_{V,n} \tag{4.32.2}$$

$$h_{HS,cond,out}=h_{f_{sat\langle p_n\rangle}} \tag{4.32.3}$$

$h_{C,in}$和$h_{C,out}$是入口和出口冷却水的焓，它们分别是其温度和盐度的函数。

$$h_{C,in}=h_{f_{C\langle T_{C,in},X_C\rangle}} \tag{4.32.4}$$

$$h_{C,out}=h_{f_{C\langle T_{C,out},X_C\rangle}} \tag{4.32.5}$$

(2) 温度能谱和UA值

如图4.8所示，冷却水在冷凝器中温度升高，而入口过热蒸汽的温度曲线走向与其他效组相同，因此区域1（即降温区）的温度变化也可忽略，总体传热系数实际上是U_2，区域1有潜热传递发生。矿物精炼应用中，热交换器区域需要额外的换热面积（见第9章)。

在区域1（图4.8）中，冷却水温度将达到T_{C*}，可以从能量平衡方程中得到，对于该区域：

$$\dot{m}_{HS,cond}(h_{HS,cond,in}-h_{g_{sat\langle p_n\rangle}})=\dot{m}_C(h_{C*}-h_{C,in}) \tag{4.33}$$

经过重新排列，可以得到：

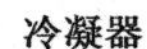

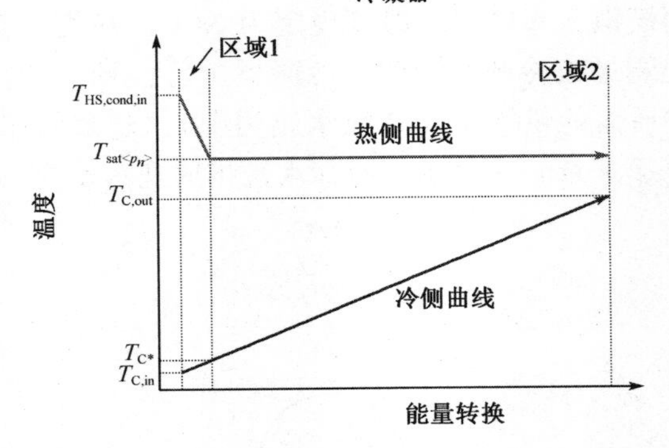

图 4.8 冷凝器的温度能谱

$$h_{C*} = \frac{\dot{m}_{HS,cond}}{\dot{m}_C} \times (h_{HS,cond,in} - h_{g_{sat\langle p_n\rangle}}) + h_{C,in} \tag{4.34}$$

h_{C*}可记作：

$$h_{C*} = h_{f_{C\langle T_{C*},X_C\rangle}} \tag{4.35}$$

T_{C*}可由公式（4.35）计算得到。

与其他效组方法相同，区域 1 的 UA 值可以这样计算为：

$$(UA)_{k,z1} = \frac{\dot{m}_{HS,cond}(h_{HS,cond,in} - h_{g_{sat\langle p_n\rangle}})}{\Delta T_{lm,cond,z1}} \tag{4.36}$$

其中：

$$\Delta T_{lm,cond,z1} = \frac{(T_{sat\langle p_n\rangle} - T_{C*}) - (T_{HS,cond,in} - T_{C,in})}{\ln\left(\frac{T_{sat\langle p_n\rangle} - T_{C*}}{T_{HS,cond,in} - T_{C,in}}\right)} \tag{4.37}$$

在区域 2 中，当蒸汽（热侧介质）冷凝时，冷却水（冷侧介质）温度上升至出口温度。因此，相关的 UA 值可写作：

$$(UA)_{k,z2} = \frac{\dot{m}_{HS,cond}(h_{g_{sat\langle p_n\rangle}} - h_{f_{sat\langle p_n\rangle}})}{\Delta T_{lm,cond,z2}} \tag{4.38}$$

其中：

$$\Delta T_{lm,cond,z2} = \frac{(T_{sat\langle p_n\rangle} - T_{C*}) - (T_{sat\langle p_n\rangle} - T_{C,out})}{\ln\left(\frac{T_{sat\langle p_n\rangle} - T_{C*}}{T_{sat\langle p_n\rangle} - T_{C,out}}\right)} \tag{4.39}$$

4.2.2 预热多效蒸馏工艺

如图 4.9 所示，预热 MED 包括主要 MED 部分和一些液 - 液热交换器。主要 MED 的所有效组和冷凝器均需进行质量和能量衡算，这与第 4.2.1.1、4.2.1.2 和 4.2.1.3 小节中的描述相同。

板式热交换器可作为预热器，在第一效组，预热器获取了一部分来自于主要 MED 第一效组的、未从热源中提取的剩余能量，并将这部分热量输送到进料流。这类型的热交换器在所有的模拟情况下都需考虑 3℃左右的温度差。

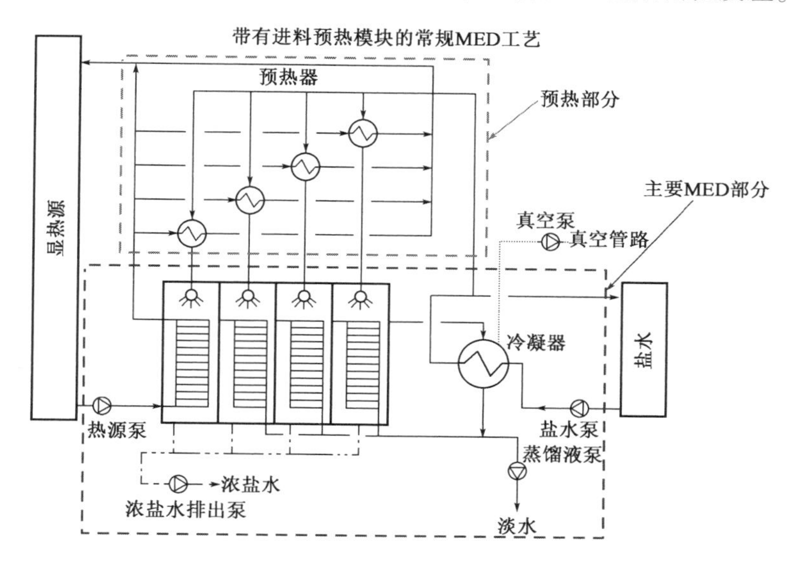

图 4.9 预热多效蒸馏系统各个部分

如图 4.10 所示，热侧出口温度（$T_{h\_prh,i,out}$）可以根据能量衡算公式（4.40）计算。

$$\dot{m}_{h\_prh,i}(h_{h\_prh,i,in}-h_{h\_prh,i,out})=\dot{m}_{c\_prh,i}(h_{c\_prh,i,out}-h_{c\_prh,i,in}) \quad (4.40)$$

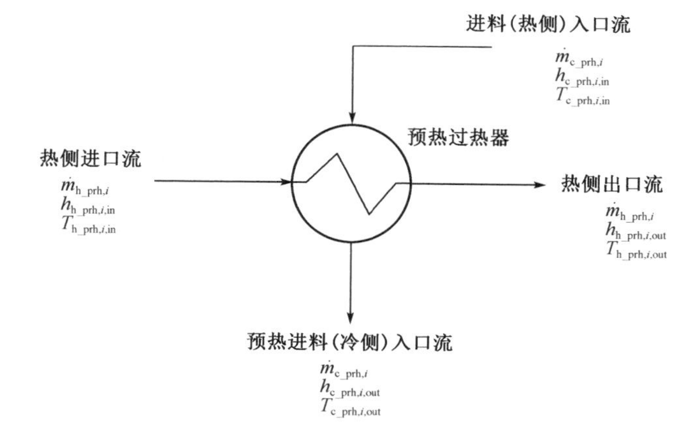

图 4.10 预热器的原理设计图

式中，i 为预热器的序号；h_ prh，c_ prh 为预热器的热边，冷边。其中：

$$h_{h\_prh,i,in}=h_{HS,1,out}=h_{f_{HS}\langle T_{HS,1,out},X_{HS,1}\rangle} \quad (4.40.1)$$

$$h_{h\_prh,i,out}=h_{f_{HS}\langle T_{h\_prh,i,out},X_{HS,1}\rangle} \quad (4.40.2)$$

通过公式（4.40）得到热侧出口焓，$T_{h\_prh,i,out}$ 可以从公式（4.40.2）中导出，每个预热器都可以用这些公式表达，从而可以计算相关的热侧出口温度。

4.2.3 增强多效蒸馏工艺

如图4.11所示，B-MED包括主要MED部分（包括接受由增强器所产生的蒸汽的注射效组）以及一个作用与主要MED部分的第一效组相同的增强器。

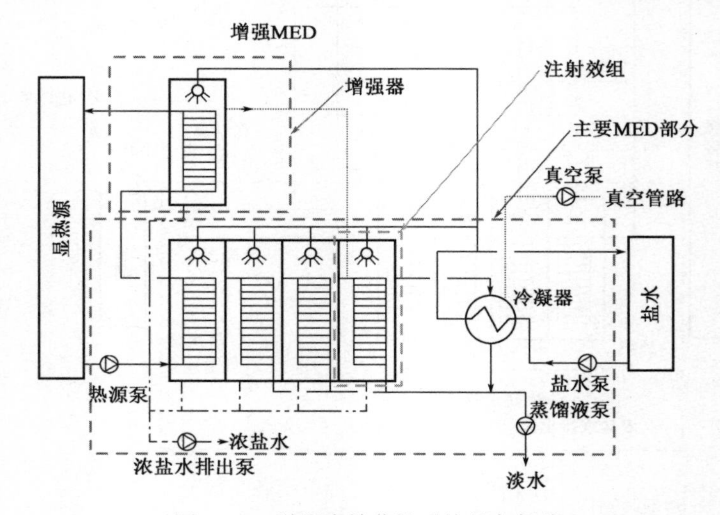

图4.11 增强多效蒸馏系统的各部分

4.2.3.1 主要多效蒸馏部分

如图4.11所示，这一部分包括三个小部分：无注射效组、注射效组和冷凝器。无注射效组和冷凝器的质量和能量衡算、温度能谱和UA值与第4.2.1.1、4.2.1.2和4.2.1.3节中的描述相同。

对于注入效组，注入的蒸汽量（增强器产生的蒸汽）加到前一效组所产生的蒸汽中，它们将作为注入效组的热源（图4.12）。注入的驱动力为500Pa的压力差，致使蒸汽自然流动并抵消相关的压降[3,4]。根据能量平衡方程计算混合蒸汽流的温度。假定混合流的压力等于最低压力，即前一效组的压力（图4.12中的p_{k-1}）；因此就像无注射效组，可获得过热蒸汽，但过热度稍高。根据这个假设，对于蒸汽注入效组，在前一效组的压力（p_{k-1}）下发生冷凝（和无注射效组一样）。

（1）注入效组的能量平衡

如图4.12所示，注入效组的能量平衡的计算如式（4.41）：

$$\dot{m}_{HS,k}(h_{HS,k,in} - h_{f_{sat}\langle p_{k-1}\rangle}) = \dot{m}_{V,k}h_{V,k} + \dot{m}_{B,k}h_{B,k} - \dot{m}_{F,k}h_{F,k} \tag{4.41}$$

等式的左边是从热源释放的能量（$\dot{Q}_{HS,k}$），根据公式（4.4）整理得：

$$\dot{Q}_{HS,k} = \dot{m}_{F,k}\left(\frac{1}{R}h_{V,k} + \left(\frac{R-1}{R}\right)h_{B,k} - h_{F,k}\right) \tag{4.42}$$

注入效组热源入口的质量流量的计算为：

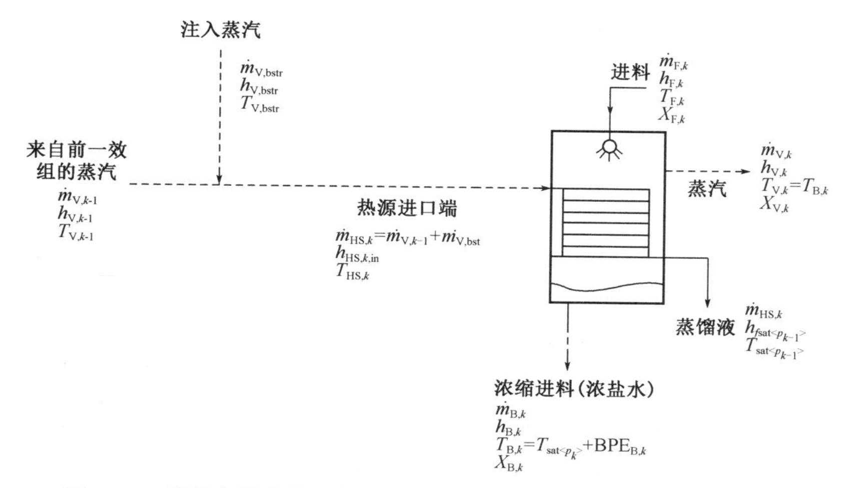

图 4. 12 增强多效蒸馏工艺的注入效组设计原理图（$k\in\{2,\cdots,n\}$）

$$\dot{m}_{HS,k} = \dot{m}_{V,k-1} + \dot{m}_{V,bstr} \tag{4.43}$$

注入效组热源入口的能量也可以写成：

$$h_{HS,k,in} = \frac{\dot{m}_{V,k-1}h_{V,k-1} + \dot{m}_{V,bstr}h_{V,bstr}}{\dot{m}_{V,k-1} + \dot{m}_{V,bstr}} \tag{4.44}$$

式中，$h_{V,bstr}$为增强效组所产生的蒸汽焓。

（2）注入效组的 UA 值及温度能谱

注入效组的分析见温度能谱（图 4. 6）及 4. 2. 1. 22. 的方程式。唯一的问题是在达到混合过热蒸汽温度，必须考虑从增强器注入的蒸汽对从 MED 相关上一效组的过热蒸汽所造成的影响。然而，对于海水设备，因为 BPE 很低，这种影响可以忽略不计。

4. 2. 3. 2 增强器

4. 2. 1. 1 节中的用于第一效组的方程同样适用于增强器，但参数如图 4. 13 所示。

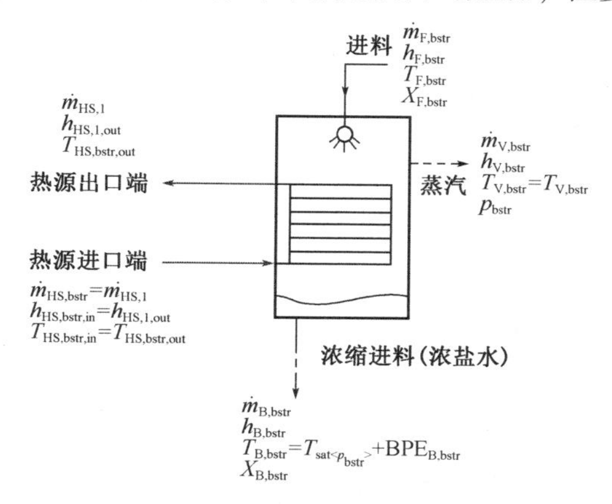

图 4. 13 增强器的设计原理图

4.2.4 闪蒸增强多效蒸馏工艺

如图4.14所示，FB-MED工艺可分为两个主要部分，主要MED部分（包括注入效组，无注入效组和冷凝器）与闪蒸部分（包括一系列的闪蒸室、浓盐水循环环路、浓盐水加热器和除气器）。

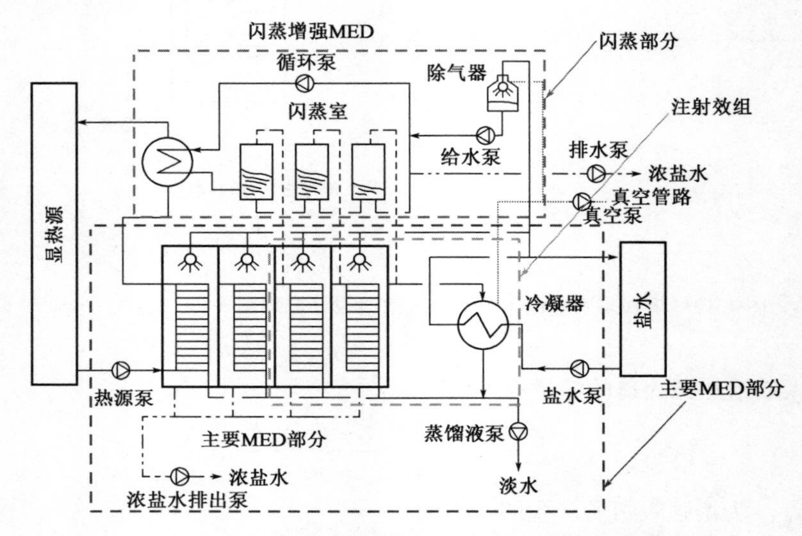

图4.14 闪蒸增强多效蒸馏工艺路线的设计原理图

4.2.4.1 主要多效蒸馏部分

本部分包括三个小节：注入效组、无注入效组与冷凝器。无注入效组的质量和能量平衡、温度能谱和UA值详见4.2.1.1和4.2.1.2节。

（1）注入效组

对于那些从闪蒸室注入蒸汽的效组，注入的蒸汽被添加到前一效组所产生的蒸汽中，然后充当该效组的热源（图4.15）。注入的驱动力为500Pa压力差，以供蒸汽自然流动以抵消相关的压降[3,4]。混合蒸汽流的温度计算基于能量守恒方程。假定混合流的压力等于最低的压力，即前一效的压力；相较于无注射效组，蒸汽的过热温度稍高。对于注射效组而言，冷凝压力为前一效组的压力 p_{k-1}。

①注射效组的能量平衡　如图4.15所示，这些效组的能量平衡可以写成：

$$\dot{m}_{\mathrm{HS},k}(h_{\mathrm{HS},k,\mathrm{in}} - h_{f_{\mathrm{sat}\langle p_{k-1}\rangle}}) = \dot{m}_{\mathrm{V},k}h_{\mathrm{V},k} + \dot{m}_{\mathrm{B},k}h_{\mathrm{B},k} - \dot{m}_{\mathrm{F},k}h_{\mathrm{F},k} \tag{4.45}$$

等式的左边是从热源释放的能量（$\dot{Q}_{\mathrm{HS},k}$）。由公式（4.4）整理改写为：

$$\dot{Q}_{\mathrm{HS},k} = \dot{m}_{\mathrm{F},k}\left(\frac{1}{R}h_{\mathrm{V},k} + \left(\frac{R-1}{R}\right)h_{\mathrm{B},k} - h_{\mathrm{F},k}\right) \tag{4.46}$$

如图4.15所示，对于注射效组，热源进口的质量流量可按以下公式计算（$i \in \{1, \cdots, j\}$）：

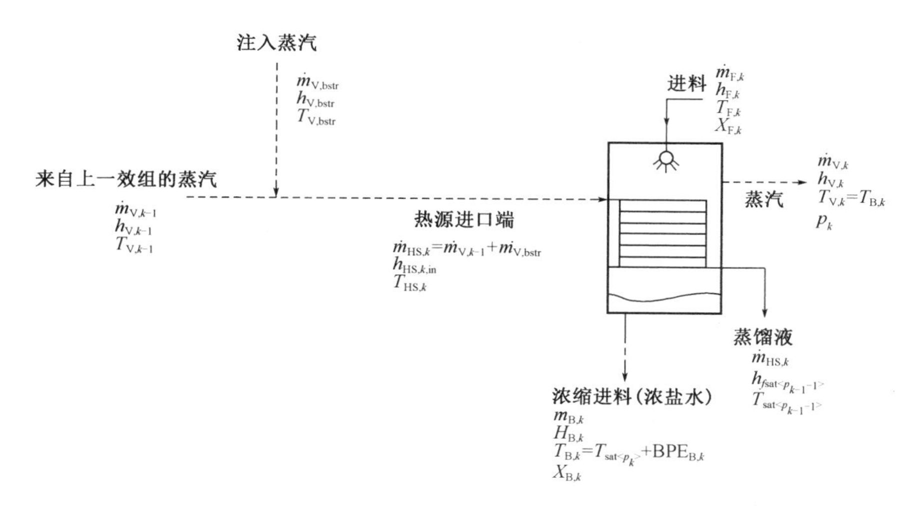

图4.15 闪蒸增强多效蒸馏工艺的注入效组设计原理图
($k\in\{2, \cdots, n\}$; $i\in\{1, \cdots, j\}$)

$$\dot{m}_{HS,k} = \dot{m}_{V,k-1} + \dot{m}_{V',i} \tag{4.47}$$

式中，i 为相关闪蒸室的序号，在一个优化海水装置中，它可以相当于 $k-2$，取决于设计参数、热源温度差和进料性质。

注入效组的热源进口能量可以按以下公式计算：

$$h_{HS,k,in} = \frac{\dot{m}_{V,k-1}h_{V,k-1} + \dot{m}_{V',i}h_{V',i}}{\dot{m}_{V,k-1} + \dot{m}_{V',i}} \tag{4.48}$$

式中，$h_{V',i}$为4.2.4.2节中所述的闪蒸室中生成的闪蒸汽的焓。

②注射效组的温度能谱及UA值

FB-MED工艺注入效组的分析见温度能谱（图4.6）和4.2.1.22.节所述的方程。对于这些效组在达到混合过热蒸汽温度，必须考虑从闪蒸室注入的蒸汽与对MED相关上一效组的过热蒸汽所造成的影响。对于海水设备，因为BPE很低，这种影响可以忽略不计。然而，在矿物精炼厂应用中应考虑此影响（见第9章）。

(2) 冷凝器

在FB-MED工艺中，闪蒸室最后一级（级数为 j）注入的蒸汽与最后效组（效组数为 n）所产生的蒸汽混合，最后输送到冷凝器（图4.16）。在海水设备中，冷却剂是海水。在所有海水模拟应用中，海水进口温度为28℃。冷却水吸收热交换器中过热蒸汽冷凝所释放的能量。一部分已在冷凝器中预热的出口冷却水被用于脱盐工艺的进料（海水设备），除了小部分作为浓盐水循环环路中的补给水，大部分冷却水均回到海里（见4.2.4.2节）。

①能量平衡

所需的冷却剂的质量流量（$\dot{m}_C$）的计算基于能量守恒方程，即：

$$\dot{m}_{\mathrm{HS,cond}}(h_{\mathrm{HS,cond,in}} - h_{\mathrm{HS,cond,out}}) = \dot{m}_C(h_{\mathrm{C,out}} - h_{\mathrm{C,in}}) \tag{4.49}$$

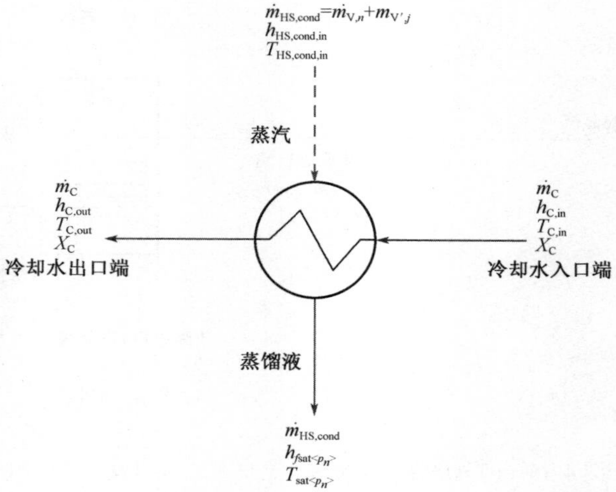

图 4.16 闪蒸增强多效蒸馏工艺中接受蒸汽注入的冷凝器的原理设计图

其中，等式左侧是热侧释放的能量（$\dot{Q}_{\mathrm{HS,cond}}$）以及：

$$\dot{m}_{\mathrm{HS,cond}} = \dot{m}_{\mathrm{V},n} + \dot{m}_{\mathrm{V}',j} \tag{4.49.1}$$

$$h_{\mathrm{HS,cond,in}} = \frac{\dot{m}_{\mathrm{V},n}h_{\mathrm{V},n} + \dot{m}_{\mathrm{V}',j}h_{\mathrm{V}',j}}{\dot{m}_{\mathrm{V},n} + \dot{m}_{\mathrm{V}',j}} \tag{4.49.2}$$

$$h_{\mathrm{HS,cond,out}} = h_{f_{\mathrm{sat}\langle p_n\rangle}} \tag{4.49.3}$$

$h_{\mathrm{C,in}}$及$h_{\mathrm{C,out}}$分别为进口和出口冷却水的焓，为其温度和盐分的函数：

$$h_{\mathrm{C,in}} = h_{f_{\mathrm{C}\langle T_{\mathrm{C,in}},X_{\mathrm{C}}\rangle}} \tag{4.49.4}$$

$$h_{\mathrm{C,out}} = h_{f_{\mathrm{C}\langle T_{\mathrm{C,out}},X_{\mathrm{C}}\rangle}} \tag{4.49.5}$$

②温度能谱及 UA 值　温度能谱及 UA 值如 4.2.1.32.节中所述，但是冷凝器的进口混合蒸汽应考虑注入蒸汽的影响。

4.2.4.2 闪蒸部分

这部分构成了 FB-MED 系统的核心。它回收热源剩余的可用能量（与常规和 B-MED 工艺相比），并将此分布到主要 MED 的各效组以提高产量。如前所述，闪蒸室每一级产生的蒸汽被注入主要 MED 系统的相关效组，以进一步提高产率，诚如之前的蒸汽增强体系。可以看出，该体系可使得余热源出口温度极尽合理地逼近闪蒸室出口及冷凝器出口温度的混合温度。这个工艺是利用余热潜力的最优方案，其优势远远超过了常规与 B-MED 技术[5]。

闪蒸部分包括一个作为浓盐水加热器的液-液热交换器、一系列闪蒸室、一个降低补给水要求的浓盐水再循环环路与一个减少补给水中溶解气体的除气器(图 4.17)。

(1) 浓盐水加热器

该换热器（图 4.18 中的液-液热交换器），可为板式换热器，回收主要 MED 第一效组中热源的剩余可用能量，并传送到闪蒸室。这种换热器在所有模拟中考虑了典型的 3℃最小温差要求。

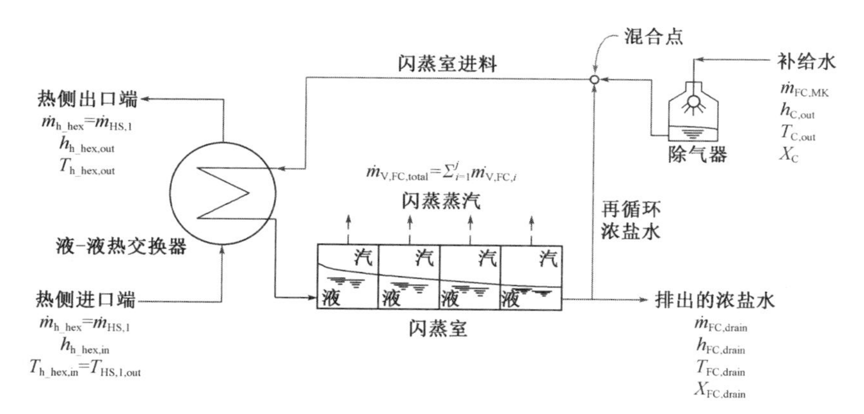

图 4.17 闪蒸部分的原理设计图

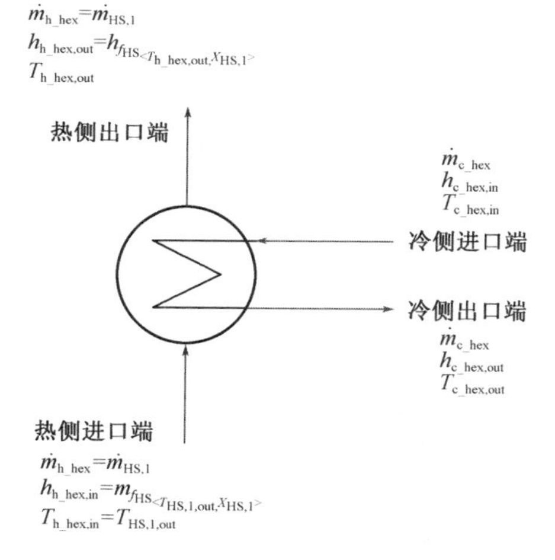

图 4.18 闪蒸增强多效蒸馏工艺中浓盐水加热器的原理设计图

知道热源条件后，闪蒸室所需进料质量流量（$\dot{m}_{c\_hex}$）可通过换热器的能量平衡求得，并表示为：

$$\dot{m}_{h\_hex}(h_{h\_hex,in}-h_{h\_hex,out})=\dot{m}_{c\_hex}(h_{c\_hex,out}-h_{c\_hex,in}) \tag{4.50}$$

其中：

$$\dot{m}_{h\_hex}=\dot{m}_{HS,1} \tag{4.50.1}$$

$$h_{h\_hex,in}=h_{HS,1,out}=h_{f_{HS}\langle T_{HS,1,out},X_{HS,1}\rangle} \tag{4.50.2}$$

$$h_{h\_hex,out}=h_{f_{HS}\langle T_{h\_hex,out},X_{HS,1}\rangle} \tag{4.50.3}$$

（2）一系列的闪蒸室

众所周知，当加压液体进入一个低于液体饱和压力的闪蒸室时，液体就会过热并剧烈闪蒸（图4.19）。在闪蒸现象中，一部分液体蒸发，温度和压力降低，直到平衡。

闪蒸室的质量和盐度平衡为：

$$\dot{m}_{FC,i,in} = \dot{m}_{V,FC,i} + \dot{m}_{FC,i,out} \tag{4.51}$$

$$\dot{m}_{FC,i,in} X_{FC,i,in} = \dot{m}_{FC,i,out} X_{FC,i,out} \tag{4.52}$$

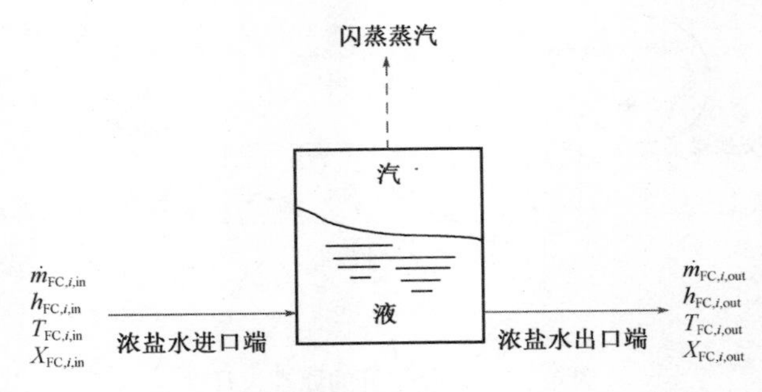

图4.19 闪蒸室原理设计图（$i \in \{1, \cdots, j\}$）

能量平衡为：

$$\dot{m}_{FC,i,in} h_{FC,i,in} = \dot{m}_{FC,i,out} h_{FC,i,out} + \dot{m}_{V,FC,i} h_{V,FC,i} \tag{4.53}$$

其中：

$$\dot{m}_{h\_hex} = \dot{m}_{HS,1} \tag{4.53.1}$$

$$h_{h\_hex,in} = h_{HS,1,out} = h_{f_{HS\langle T_{HS,1,out}, X_{HS,1}\rangle}} \tag{4.53.2}$$

$$h_{h\_hex,out} = h_{f_{HS\langle T_{h\_hex,out}, X_{HS,1}\rangle}} \tag{4.53.3}$$

因此，根据公式（4.51）、公式（4.53），闪蒸蒸汽的产量为：

$$\dot{m}_{V,FC,i} = \dot{m}_{FC,i,in} \frac{h_{f_{FC\langle T_{FC,i,in}, X_{FC,i,in}\rangle}} - h_{f_{FC\langle T_{FC,i,out}, X_{FC,i,out}\rangle}}}{h_{g\langle p_{FC,i}, T_{FC,i,out}\rangle} - h_{f_{FC\langle T_{FC,i,out}, X_{FC,i,out}\rangle}}} \tag{4.54}$$

在之前的等式中，$p_{FC,i}$为相关闪蒸器的压力：

$$T_{FC,i,out} = T_{sat\langle p_{FC,i}\rangle} + BPE_{FC,i} + NEA_{FC,i} \tag{4.55}$$

BPE为沸点升高，闪蒸室的非平衡余量（NEA）是闪蒸温度、饱和温度、每单位室宽的浓盐水质量流量、闪蒸室内的浓盐水水位以及闪蒸室的设计（如闪蒸室的长度、宽度和室与室之间浓盐水转移装置）的函数（参见附录B）[14]。在典型操作条件下，NEA在多级闪蒸脱盐厂中的变化介于0.03℃（如前几级）至0.8℃（如最后几个低温级）[15]。在本书的模拟海水应用中，NEA可以从0.3℃（如在第一室中）变化到0.6℃（如在最后一室中），但是为保守起见，在此展示的结果属于一个对所有闪蒸室都均衡的0.6℃NEA[5]。对于氧化铝精炼厂的蒸发设备（第9章），0.5℃NEA为其固定值[16~18]。

为了模拟并建立闪蒸室和主要MED效组之间的连接，每个闪蒸室的压力设定将基于接受注入蒸汽的主要 MED 相关效组的压力。因此，认为介于 500Pa 和 1kPa 之间的压力差（Δp_{inj}）足以构成蒸汽的自然流动[3]。

$$p_{FC,i} = p_{k*} + \Delta p_{inj} \tag{4.56}$$

对于海水和氧化铝精炼厂应用，Δp_{inj}分别为 500Pa 和 1kPa[4,5,16]

(3) 浓盐水再循环工艺

为了减少闪蒸部分的补给水流量，如图 4.17 所示，利用了浓盐水再循环配置。为此，闪蒸部分需要排出浓盐水以控制其质量和盐度的平衡[19]。

从一系列闪蒸室流出的浓盐水有效抑制了各 NCG 的释放量，从而进一步提高了传热效率，并降低了排气与抽真空的功耗[5]。同时也减少进料流的化学添加剂消耗，并缩小了其预处理和脱气设备的体积[19~21]。

如图 4.20 所示，为了抵消闪蒸部分由蒸发和浓盐水排放所造成的损失，设备需要补给水流。混合点的质量平衡可写为：

$$\dot{m}_{FC,MK} = \dot{m}_{FC,F} - \dot{m}_{FC,R} \tag{4.57}$$

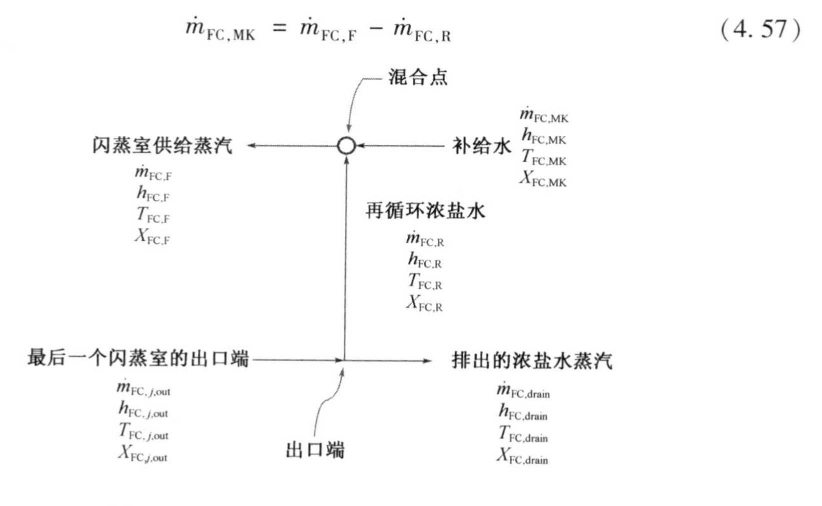

图 4.20　盐水再循环工艺的原理设计图

其中：

$$\dot{m}_{FC,F} = \dot{m}_{c\_hex} \tag{4.57.1}$$

由闪蒸室可知：

$$\dot{m}_{c\_hex} = \dot{m}_{FC,j,out} + \dot{m}_{V,FC,total} = \dot{m}_{FC,j,out} + \sum_{i=1}^{j} \dot{m}_{V,FC,i} \tag{4.57.2}$$

对于排放点：

$$\dot{m}_{FC,R} = \dot{m}_{FC,j,out} - \dot{m}_{FC,drain} \tag{4.58}$$

其中：

$$\dot{m}_{FC,drain} = \dot{m}_{FC,j,out} DR \tag{4.58.1}$$

式中，DR 为排水比，取决于求解程序（见 4.2.6 节）。因此：

$$\dot{m}_{FC,R} = (1 - DR)\dot{m}_{FC,j,out} \tag{4.59}$$

知道最后一个闪蒸室的 DR 值和出口质量流量，便可以计算再循环浓盐水的质量流量。

混合点的盐度平衡可写为：

$$\dot{m}_{FC,MK}X_{FC,MK} = \dot{m}_{FC,F}X_{FC,F} - \dot{m}_{FC,R}X_{FC,R} \tag{4.60}$$

在海水应用中，$X_{FC,R}$ 为 0.07mg/L[4,5,22]。这是出口盐度最大允许值，以防止形成硫酸钙[19]。$X_{FC,MK}$ 是脱气后补给水的盐度，可认为近似于 X_C（见 4.2.4.24. 节），在海水应用中可视为 0.035mg/L[4,5,22]。因此，知道了闪蒸室的数量和闪蒸室间的相关总体温差，并参考公式（4.57）~公式（4.60）中的相关质量流量将其作为边界条件，$X_{FC,F}$ 便可以通过求解程序计算。

（4）除气器

如前所述，浓盐水再循环系统中的补给水需要抵消由蒸发和浓盐水排放引起的水分损失。该补给水应适当脱气和排气，以避免各种不凝气体（NCG）的积聚。否则，这些 NCG 随后在闪蒸室中释放并通过注入管线转移到主要 MED 的效组，这将降低热交换器表面的传热系数及该过程的热性能[23]。为了拥有一个良好的排气系统，需要一个除气器将通往闪蒸室的补给海水中一部分溶解气体排出（图 4.21），以便减少排气功耗。此外，除氧器将减少补给水中的含氧量，否则将会造成其他设备的腐蚀[24]。目前，除气器是一个矩形横截面的容器。它包括发生闪蒸的顶部低压空间，以及发生脱气的底部鲍尔（Pall）环填充部分[25]。供给水从顶部流进闪蒸容器，然后分布到波纹板上，同时脱气水从底部流进与供给水呈反向流[24]。一项工业实验调查显示，除气器不需提供脱气水。本工艺已考虑了此种可能性[25]。

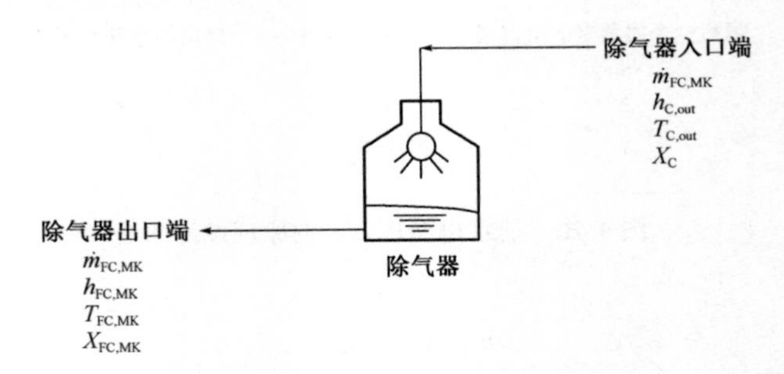

图 4.21 除气器的原理设计图

为此，除气器考虑了 5.9kPa 的工作压力[25]，由于相关的温差较低（在海水应用中约等于 2 ~ 3℃），因此，在很大程度上除气器中的闪蒸量可以忽略不计[4,5,22]。因此，质量流量没有发生变化，盐度也保持恒定（图 4.21）。即：

$$X_{FC,MK} \approx X_C \tag{4.61}$$

如前所述，温度下降，因此焓从 $h_{C,out}$ 变为 $h_{FC,MK}$：

$$h_{C,out} = h_{f_{C}\langle T_{C,out},X_C\rangle} \tag{4.62}$$

$$h_{FC,MK} = h_{f_{FC}\langle T_{FC,MK},X_C\rangle} \tag{4.63}$$

4.2.5 总质量、盐度和能量守恒

总质量、盐度和能量守恒是数学模拟中必不可少的步骤。每个过程的进口和出口状态如图 4.22～图 4.25 所示。以下针对每个过程的公式是模拟中所必需的。

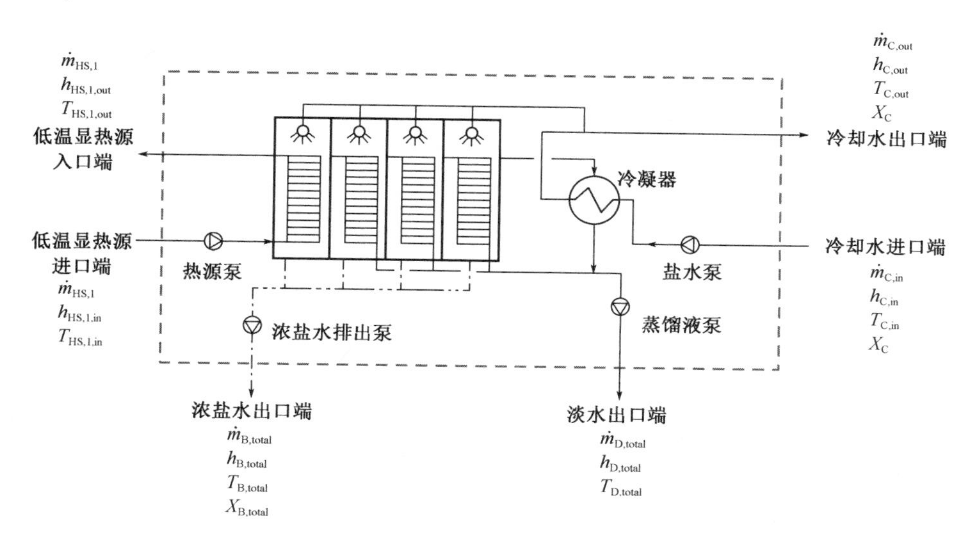

图 4.22 常规多效蒸馏工艺中的进口和出口分布图

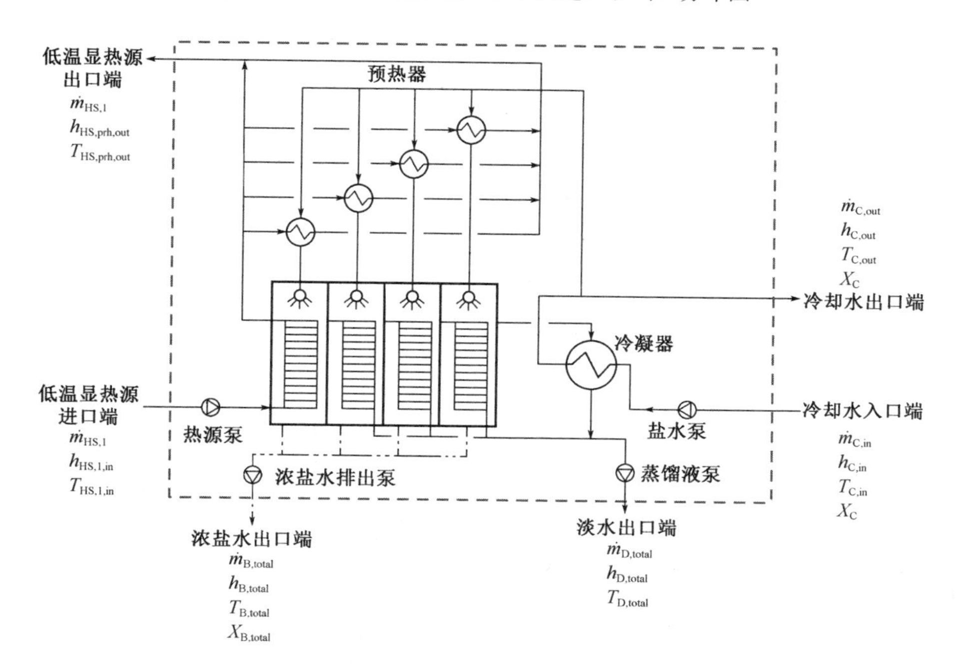

图 4.23 预热多效蒸馏工艺的进口和出口分布图

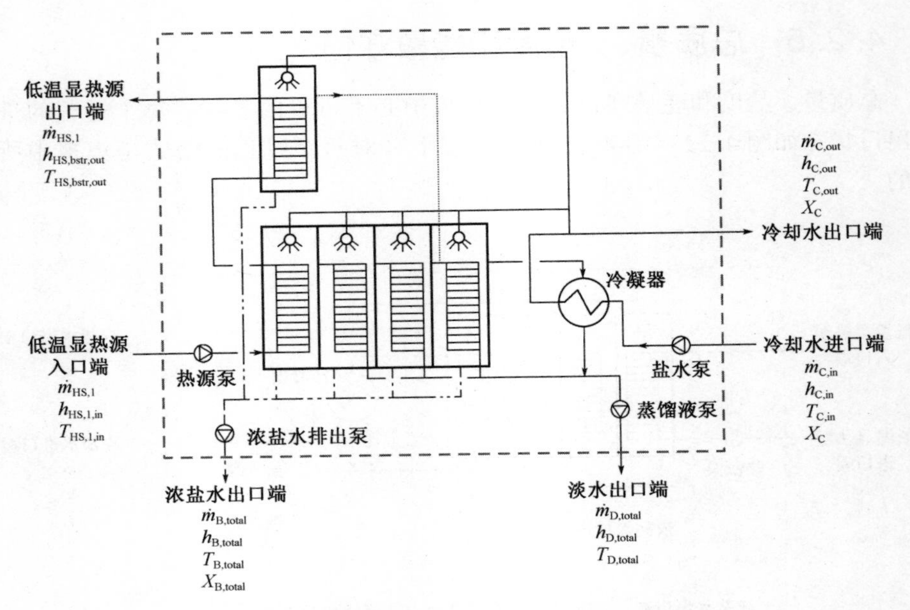

图 4.24　增强多效蒸馏工艺的进口和出口分布图

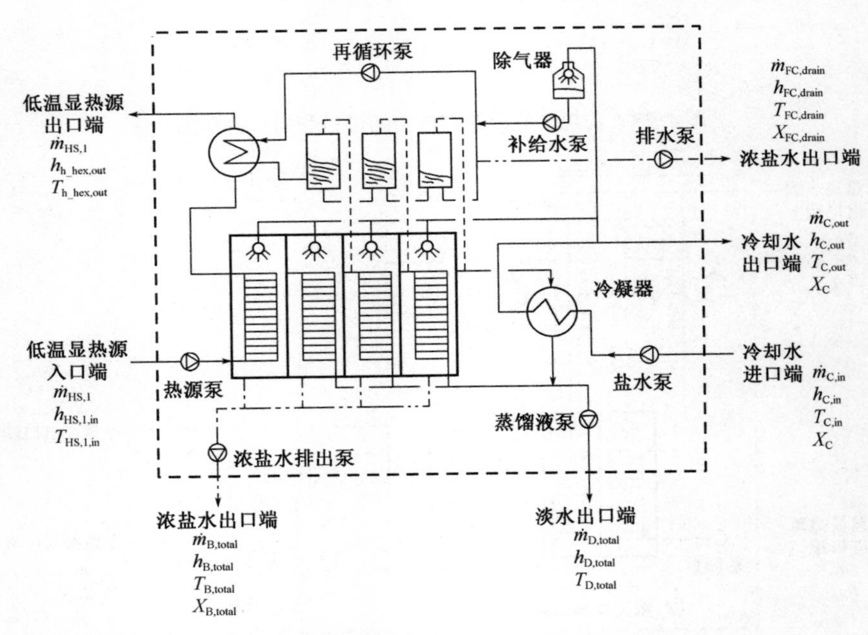

图 4.25　闪蒸增强多效蒸馏工艺的进口及出口分布图

4.2.5.1　常规多效蒸馏工艺

对于常规的 MED 工艺（图 4.22），有两个进口（主要热源进口和冷却水流进口）和四个出口（包括热源出口、淡水出口、浓盐水出口和冷却水出口）。

总质量平衡为：

$$\sum \dot{m}_{\text{inlets}} = \sum \dot{m}_{\text{outlets}} \tag{4.64}$$

对于常规 MED 工艺可写为：

$$\dot{m}_{\text{C,in}} = \dot{m}_{\text{C,out}} + \dot{m}_{\text{B,total}} + \dot{m}_{\text{D,total}} \tag{4.65}$$

式中，$\dot{m}_{\text{B,total}}$为从主要 MED 部分提取的总排出浓盐水量；$\dot{m}_{\text{D,total}}$为该过程的淡水总生产量。即：

$$\dot{m}_{\text{D,total}} = \sum_{k=1}^{n} \dot{m}_{\text{V},k} \tag{4.65.1}$$

和：

$$\dot{m}_{\text{C,in}} = \dot{m}_{\text{C}} \tag{4.65.2}$$

$$\dot{m}_{\text{C,out}} = \dot{m}_{\text{C}} - \dot{m}_{\text{F,total}} \tag{4.65.3}$$

且总盐度平衡为：

$$(\dot{m}_{\text{C,in}} - \dot{m}_{\text{C,out}})X_{\text{C}} = \dot{m}_{\text{B,total}}X_{\text{B,total}} \tag{4.66}$$

能量守恒为：

$$\sum E_{\text{inlets}} = \sum E_{\text{outlets}} \tag{4.67}$$

$$\dot{m}_{\text{HS,1}}(h_{\text{HS,1,in}} - h_{\text{HS,1,out}}) = \dot{m}_{\text{C,out}}h_{\text{C,out}} - \dot{m}_{\text{C,in}}h_{\text{C,in}} + \dot{m}_{\text{B,total}}h_{\text{B,total}} + \dot{m}_{\text{D,total}}h_{\text{D,total}} \tag{4.68}$$

4.2.5.2 预热多效蒸馏工艺

对于 P-MED 工艺（图 4.23），与常规 MED 工艺一样，有两个进口（主要热源进口和冷却水流进口）和四个出口（包括来自预热部分的热源出口、淡水出口、浓盐水出口和冷却水出口）。因此，相关计算可按公式（4.64）~公式（4.67）将公式（4.68）改写为：

$$\dot{m}_{\text{HS,1}}(h_{\text{HS,1,in}} - h_{\text{HS,prh,out}}) = \dot{m}_{\text{C,out}}h_{\text{C,out}} - \dot{m}_{\text{C,in}}h_{\text{C,in}} + \dot{m}_{\text{B,total}}h_{\text{B,total}} + \dot{m}_{\text{D,total}}h_{\text{D,total}} \tag{4.69}$$

式中，$h_{\text{HS,prh,out}}$为预热器热侧出口焓和第一效组热源出口焓的混合焓。

4.2.5.3 增强多效蒸馏工艺

对于 B-MED 工艺（图 4.24），同样有两个进口（主要热源进口和冷却水流进口）和四个出口（包括增强器的热源出口、淡水出口、浓盐水出口和冷却水出口）。因此，可利用公式（4.64）~公式（4.67）而不是公式（4.65a）计算，对于 B-MED 可改写为：

$$\dot{m}_{\text{D,total}} = \sum_{k=1}^{n} \dot{m}_{\text{V},k} + \dot{m}_{\text{V,bstr}} \tag{4.70}$$

公式（4.68）也应改写为：

$$\dot{m}_{\text{HS,1}}(h_{\text{HS,1,in}} - h_{\text{HS,bstr,out}}) = \dot{m}_{\text{C,out}}h_{\text{C,out}} - \dot{m}_{\text{C,in}}h_{\text{C,in}} + \dot{m}_{\text{B,total}}h_{\text{B,total}} + \dot{m}_{\text{D,total}}h_{\text{D,total}} \tag{4.71}$$

式中，$h_{\text{HS,bstr,out}}$为增强器的热源出口焓。

4.2.5.4 闪蒸增强多效蒸馏工艺

对于FB-MED工艺（图4.25），有两个进口（主要热源进口和冷却水流进口）和五个出口（包括热源出口、淡水出口、主要MED部分、闪蒸室的浓盐水出口及冷却水出口）。

总质量平衡基于公式（4.64）可写为：

$$\dot{m}_{C,in} = \dot{m}_{C,out} + \dot{m}_{B,total} + \dot{m}_{FC,drain} + \dot{m}_{D,total} \tag{4.72}$$

式中，$\dot{m}_{B,total}$为从主要MED部分提取的总出口浓盐水量；$\dot{m}_{FC,drain}$为闪蒸排放的浓盐水量；$\dot{m}_{D,total}$为该过程的淡水总生产量，即：

$$\dot{m}_{D,total} = \sum_{k=1}^{n} \dot{m}_{V,k} + \sum_{i=1}^{j} \dot{m}_{V',i} \tag{4.72.1}$$

且：

$$\dot{m}_{C,in} = \dot{m}_{C} \tag{4.72.2}$$

$$\dot{m}_{C,out} = \dot{m}_{C} - \dot{m}_{F,total} - \dot{m}_{FC,MK} \tag{4.72.3}$$

总盐度平衡为：

$$(\dot{m}_{C,in} - \dot{m}_{C,out})X_{C} = \dot{m}_{B,total}X_{B,total} + \dot{m}_{FC,drain}X_{FC,drain} \tag{4.73}$$

能量守恒为：

$$\sum E_{inlets} = \sum E_{outlets} \tag{4.74}$$

$$\dot{m}_{HS,1}(h_{HS,1,in} - h_{h\_hex,out}) = \dot{m}_{C,out}h_{C,out} - \dot{m}_{C,in}h_{C,in} + \dot{m}_{FC,drain}h_{FC,drain} + \dot{m}_{B,total}h_{B,total} + \dot{m}_{D,total}h_{D,total} \tag{4.75}$$

4.2.6 求解程序

一般求解程序的流程图如图4.26所示，以下章节将介绍作为解答先前所有方程的GRG方法[2]的热力学、适当的操作、技术及经济限制的边界条件[4,5,16,22]。

工艺仿真的假设列于表4.2中，通过使用这些假设的参数和表4.3中列出的相关边界条件（在第8章和第9章作进一步阐述），求解程序（附录G）通过判断一些基本参数（表4.4）来产生结果，如淡水总生产量（$\dot{m}_{D,total}$）；总浓缩进料流量（海水应用中为浓盐水），矿物精炼工艺中一个很重要的参数；余热性能比（PR_{WH}）；效组的温度分布与UA值。第7章所述的热经济评估中将用到这些技术结果。

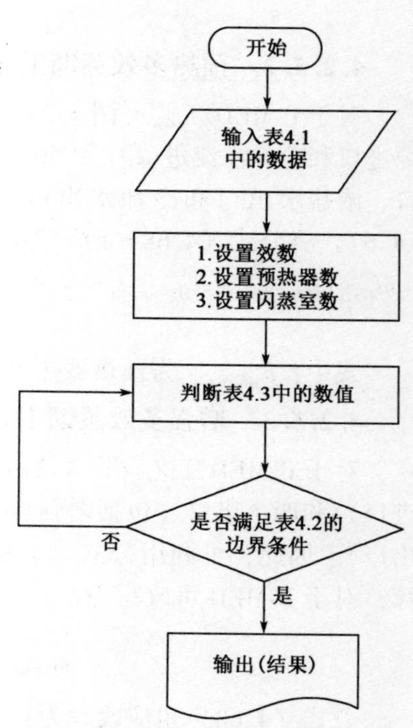

图4.26 工艺仿真的相关流程图
（1. 适用于所有工艺；2. 适用于P-MED工艺；3. 适用于FB-MED工艺）

表 4.2 求解程序的假设热力学参数（输入数据）

参数	说明
$T_{HS,1,in}$	热源进口温度（℃）
$\dot{m}_{HS}$	热源质量流量（kg/s）
$T_{C,in}$	冷却水进口温度（℃）
$X_{C,in}$	供给水盐度（mg/kg）
R	进料/蒸汽比
TBT	顶部浓盐水温度（℃），多效蒸馏工艺为70℃
Δp_{inj}①	注入蒸汽所需压差
$\min\Delta T_e$	多效蒸馏每一效组间的最小温差（℃）
$\min\Delta T_{HS,1}$	第一效组的热源最小温差（℃）
$\min\Delta T_{hex}$②	液-液热交换器的最小温差（℃）
$\Delta T_{approach}$②	液-液热交换器的接近温差（℃）
$\min\Delta T_C$	冷凝器最小温差（℃）
X_{max}	最大允许出口盐度（mg/kg），海水应用中为70000mg/kg
$X_{FC,j,out}$	闪蒸部分盐水出口盐度（mg/kg）
$\dot{m}_{vent}$	排气流量，$\dot{m}_{HS,cond}$百分数（见第5章）
$p_{deaerator}$③	除气器的工作压力

① 适用于增强和闪蒸增强多效蒸馏工艺。
② 适用于预热和闪蒸增强多效蒸馏工艺。
③ 适用于闪蒸增强多效蒸馏工艺。

表 4.3 边界条件

工艺	边界条件
所有工艺	$\min\Delta T_{HS,1}\leqslant(T_{HS,1,in}-T_{HS,1,out})$ $T_{B,1}\leqslant T_{pinch,1}$ $T_{B,1}\leqslant TBT$ $T_{C,out}\leqslant(T_{sat\langle p_n\rangle}-\min\Delta T_e)$ $X_{B,k}\leqslant X_{max}$
P-MED	$\Delta T_{approach}\leqslant(T_{h\_prh,i,in}-T_{c\_prh,i,out})$ $\Delta T_{approach}\leqslant(T_{h\_prh,i,out}-T_{c\_prh,i,in})$ $\min\Delta T_{hex}\leqslant(T_{h\_hex,i,in}-T_{h\_hex,i,out})$ $\min\Delta T_{hex}\leqslant(T_{c\_hex,i,out}-T_{c\_hex,i,in})$
B-MED	$\min\Delta T_{HS,1}\leqslant(T_{HS,bstr,in}-T_{HS,bstr,out})$ $T_{B,bstr}\leqslant T_{pinch,bstr}$ $T_{B,bstr}\leqslant TBT$ $T_{sat\langle p_{k-1}+p_{inj}\rangle}\leqslant T_{sat\langle p_{bstr}\rangle}$；$k$是注射效组序数 $X_{B,bstr}\leqslant X_{max}$

续表

工　艺	边 界 条 件
FB-MED	$\min\Delta T_{hex} \leqslant (T_{h\_hex,in} - T_{h\_hex,out})$ $\min\Delta T_{hex} \leqslant (T_{c\_hex,out} - T_{c\_hex,in})$ $X_{FC,j,out} \leqslant X_{max}$

表 4.4　判断参数

参数	相关工艺
$T_{HS,1,out}$	所有工艺（MED、P-MED、B-MED、FB-MED）
$T_{B,1}$	所有工艺（MED、P-MED、B-MED、FB-MED）
$T_{h\_prh,i,out}$	P-MED
$T_{HS,bstr,out}$	B-MED
$T_{B,bstr}$	B-MED
$T_{h\_prh,out}$	FB-MED
$X_{FC,1,in}$	FB-MED
$X_{FC,1,out}$	FB-MED
DR	FB-MED

注：B-MED 为增强多效蒸馏工艺；FB-MED 为闪蒸增强多效蒸馏工艺；P-MED 为预热多效蒸馏工艺；MED 为多效蒸馏工艺。

参考文献

[1] ALFALAVAL，Single Effect Freshwater Generator，Model JWP-16/26-C Series，in Alfa Laval Marine & Diesel Product Catalogue，Alfa Laval Corporate AB，2003.

[2] L. S. Lasdon，A. D. Waren，A. Jain，M. Ratner，J. Rice，Design and testing of a generalized reduced gradient code for nonlinear programming，ACM Trans. Math. Softw. 4（1）（1978）34-50.

[3] A. Christ，K. Regenauer-Lieb，H. T. Chua，Boosted multi-effect distillation for sensible low-grade heat sources：a comparison with feed pre-heating multi-effect distillation，Desalination 366（2015）32-46.

[4] B. Rahimi，J. May，A. Christ，K. Regenauer-Lieb，H. T. Chua，Thermo-economic analysis of two novel low grade sensible heat driven desalination processes，Desalination 365（2015）316-328.

[5] B. Rahimi，A. Christ，K. Regenauer-Lieb，H. T. Chua，A novel process for low grade heat driven desalination，Desalination 351（October 2014）202-212.

[6] NIST，NIST Reference Fluid Thermodynamic and Transport Properties Database（REFPROP）：Version 9.1，2013.

[7] M. H. Sharqawy，J. H. Lienhard V，S. M. Zubair，Thermophysical properties of seawater：a review of existing correlations and data，Desalin. Water Treat. 16（10）（2010）354-380.

[8] J. W. Bertetti，W. L. McCabe，Specific heats of sodium hydroxide solutions，Ind. Eng. Chem. 28（3）（1936）375-378.

[9] J. W. Bertetti，W. L. McCabe，Sodium hydroxide solutions，Ind. Eng. Chem. 28（2）（1936）247-248.

[10] H. R. Wilson, W. L. McCabe, Specific heats and heats of dilution of concentrated sodium hydroxide solutions, Ind. Eng. Chem. 34 (5) (1942) 558-566.

[11] W. L. McCabe, The enthalpy e concentration chart e a useful device for chemical engineering calculations, Trans. A. I. Ch. E 31 (1935) 129-169.

[12] E. W. Washburn, C. J. West, C. Hull, National Academy of Sciences (U. S.), International Council of Scientific Unions, and National Research Council (U. S.), International Critical Tables of Numerical Data, Physics, Chemistry and Technology, vol. III, McGraw-Hill, New York, 1928.

[13] Solvay Chemicals Co., Liquid Caustic Soda Characteristics, 2014 [Online]. Available: http://www.solvaychemicals.com/EN/products/causticsoda/Liquidcausticsoda.aspx.

[14] H. El-Dessouky, H. I. Shaban, H. Al-Ramadan, Steady-state analysis of multi-stage flash desalination process, Desalination 103 (1995) 271-287.

[15] P. Fiorini, E. Sciubba, C. Sommariva, A new formulation for the non-equilibrium allowance in MSF processes, Desalination 136 (2001) 177-188.

[16] B. Rahimi, K. Regenauer-Lieb, H. T. Chua, E. Boom, S. Nicoli, S. Rosenberg, A novel low grade heat driven process to re-concentrate process liquor in alumina refineries, in: 10th Int. Alumina Quality Workshop (AQW) Conference, Perth, Australia, 19the23rd April, 2015, pp. 327-336.

[17] B. Rahimi, K. Regenauer-Lieb, H. T. Chua, E. Boom, S. Nicoli, S. Rosenberg, A novel low grade heat driven process to re-concentrate process liquor in alumina refineries, Hydrometallurgy (2015) 327-336.

[18] B. Rahimi, K. Regenauer-Lieb, H. T. Chua, E. Boom, S. Nicoli, S. Rosenberg, A novel flash boosted evaporation process for alumina refineries, Appl. Therm. Eng. 94 (2016) 375-384.

[19] H. T. El-Dessouky, H. M. Ettouney, Fundamentals of Salt Water Desalination, Elsevier Science B. V., 2002.

[20] A. M. Helal, M. Odeh, The once-through MSF design. Feasibility for future large capacity desalination plants, Desalination 166 (August 2004) 25-39.

[21] A. M. Helal, Once-through and brine recirculation MSF designs a comparative study, Desalination 171 (2004) 33-60.

[22] B. Rahimi, K. Regenauer-Lieb, H. T. Chua, A novel desalination design to better utilise low grade sensible waste heat resources, in: IDA World Congress 2015 on Desalination and Water Reuse, San Diego, US, 30-August to 4-September 2015.

[23] R. Semiat, Y. Galperin, Effect of non-condensable gases on heat transfer in the tower MED seawater desalination plant, Desalination 140 (1) (2001) 27-46.

[24] P. Costa, A. Ferro, E. Ghiazza, B. Bosio, Seawater deaeration at very low steam flow rates in the stripping section, Desalination 201 (1-3) (2006) 306-314.

[25] E. Ferro, E. Ghiazza, B. Bosio, P. Costa, Modelling of flash and stripping phenomena in deaerators for seawater desalination, Desalination 142 (2) (2002) 171-180.

▶▶▶ 第 5 章　泵功耗分析

5.1　简介

电力消耗是 MED 系统设计中最重要的考虑因素之一。它主要源于海水淡化厂的泵功耗。泵功耗（单位为 kW）可根据公式（5.1）计算[1]。

$$泵功耗 = \frac{\Delta P \dot{V}}{\eta_{pump}\eta_{motor}} \tag{5.1}$$

式中，η_{pump}、η_{motor} 为泵效率、电机效率，分别等于 0.7、0.9。但在本书的模拟中，对于不同的泵，这两个数不是固定值。

在海水淡化厂中，使用的是泵的比功率而不是净功率。该参数表明了海水淡化厂用于生产 1 单位淡水所消耗的电能（kW）[公式（5.2）]，即：

$$p = \frac{泵功耗}{\dot{V}_{D,total}} \tag{5.2}$$

式中，p 为泵的比功率，$kW \cdot h/m^3$；$\dot{V}_{D,total}$ 为淡化厂的总产水量，m^3/h。

如图 2.2 ~ 图 2.5 所示，在常规、预热（P-）、增强（B-）及闪蒸增强（FB-）多效蒸馏（MED）中，这些进口和出口端的每一个相关泵的泵功率将在下一节详细介绍[1]。

5.2　海水淡化厂的压降

由公式（5.1）可知，压降是泵功耗的重要参数。该参数取决于工艺设计条件和泵的成本。这些泵用于驱动流体（亦即热源介质、淡水、进水、浓盐水和脱盐过程中的不凝气体），通过诸如管道、容器、热交换器等工艺设备。因此，应该加上每种设备中产生的压降，并为输送提供足够的压力。

在低温热驱动海水淡化厂中，主要的泵是用来输送流体（通过热交换器）；亦即盐水泵、浓盐水循环泵（仅用于 FB-MED 工艺）和热源介质泵（见图 2.2 ~ 图 2.5）。输送相关介质通过热交换器所需的能量是传热系数的函数。因此，在使用合适当量的泵来提供足够压力的情况下，传热系数越大，热交换器的当量就越小。换言之，为了减少热交换器面积（降低资本、成本），需要使用大功率的泵，从而增加了运行成本。因此，应综合考虑资本成本和运行成本两个因素，选择合适的热交换器及相关的泵，以使设计在经济上达到最佳。

以上说明，压降取决于热交换器的类型。本书中，选用的是板式热交换器和蒸发器，这些类型的热交换器的压降计算见附录C。需要注意的是，在海水淡化业界，卧式降膜蒸发器也常用于MED厂。与板式蒸发器相比，这类型蒸发器的结构有所不同，因此压降特性也有所区别。

用于低温热驱动海水淡化厂的主要泵，如图2.2~图2.5所示，详细介绍如下。

5.2.1 盐水泵

该泵将盐水输送到主要MED的冷凝器并给MED效组提供进料。在P-MED方案中，该泵亦提供预热器的冷侧压降。在模拟中，选用了板式冷凝器，其压降可通过附录C中的相关方程计算。该泵的总压头为冷凝器的压降（附录C）加上1.0bar，使其与大气压平衡[1]。

$$\Delta p_{\mathrm{SWP}} = 1.0 + \Delta p_{\mathrm{cond}} \tag{5.3}$$

5.2.2 浓盐水循环泵

该泵用于FB-MED系统中，以使浓盐水通过浓盐水加热器（亦即板式液-液热交换器）和闪蒸室再循环。如图2.5所示，该泵的主要功耗是板式浓盐水加热器压降，其压头根据公式（5.4）计算。因此，板式浓盐水加热器的压降按照附录C中的步骤计算，且基于闪蒸室部分的入口和出口饱和压力差计算出相关总压头。亦即：

$$\Delta p_{\mathrm{BRP}} = \Delta p_{\mathrm{hex}} + (p_{\mathrm{FC},1} - p_{\mathrm{FC},j}) \tag{5.4}$$

5.2.3 热源介质泵

在常规MED工艺中，该泵用于输送热源介质通过第一效组。在P-MED工艺（图2.3）中，除了第一效组，该泵需要供给预热器热侧的压降。B-MED如图2.4所示，增强器（实际上等效于另一效组）的压降应考虑在内。在FB-MED（图2.5）中，该泵用于输送热源介质至主要MED厂的第一效组，即液-液热交换器（后者充当闪蒸部分的浓盐水加热器）。

所有的这些配置中，应根据蒸发器和热交换器的类型来计算第一效组、相关热交换器和增强器中的压降。在本书中，选用了板式蒸发器和热交换器。这些热交换器的压降见附录C。

对于常规MED工艺：

$$\Delta p_{\mathrm{HSP}} = \Delta p_{\mathrm{HS},1} \tag{5.5}$$

式中，$\Delta p_{\mathrm{HS},1}$为通过第一效组蒸发器热侧的压降。

对于P-MED工艺：

$$\Delta p_{\mathrm{HSP}} = \Delta p_{\mathrm{HS},1} + \Delta p_{\mathrm{HS,prh}} \tag{5.6}$$

式中，$\Delta p_{HS,prh}$为预热器热侧的压降。在使用预热器以利用部分主要热源的情况下（如图2.3所示），使用小辅助泵可以更好地供给专用于该管路的预热器压降。

对于B-MED工艺：

$$\Delta p_{HSP} = \Delta p_{HS,1} + \Delta p_{HS,bstr} \tag{5.7}$$

对于FB-MED工艺：

$$\Delta p_{HSP} = \Delta p_{HS,1} + \Delta p_{HS,hex} \tag{5.8}$$

式中，$\Delta p_{HS,hex}$为浓盐水加热器（本书中为板式液-液热交换器）热源（热）侧的压降。

5.2.4 蒸馏液抽取与浓盐水排出泵

在所有MED工艺的主要厂中，这些泵用于抽取蒸馏液（淡水）及浓盐水。对于这些泵，2.0bar的压差是足够的，即从真空到大气压的1.0bar，并加上1.0bar以便于输送[1]。

$$\Delta p_{DEP} = \Delta p_{BBP} = 2.0\text{bar} \tag{5.9}$$

5.2.5 排水泵

该泵仅用于FB-MED工艺。排水泵用于从闪蒸部分的浓盐水再循环环路中排出浓盐水。由于其流量小，泵功率可忽略不计。但是，对于从真空输送到大气压力加上输送要求，该泵应考虑2.0bar[1]。

$$\Delta p_{DRP} = 2.0\text{bar} \tag{5.10}$$

5.2.6 补给水泵

该泵仅适用于FB-MED配置中的闪蒸部分。如图2.5所示，它用于为除气器的补给水提供足够的压力。该泵考虑了2.0bar差压，其中1.0bar为从真空进入大气中，另外的1.0bar用于与通过浓盐水再循环环路的浓盐水混合[1]。

$$\Delta p_{MKP} = 2.0\text{bar} \tag{5.11}$$

5.2.7 不凝气体抽空泵

低温热驱动海水淡化工艺的重要问题之一是与排气过程有关，其用于去除所产生的不凝气体（NCG）和泄漏到系统中的空气。在蒸汽驱动的海水淡化工艺中，例如热压缩MED或多级闪蒸厂，蒸汽喷射器用于抽真空和去除NCG，但是在低温热驱动应用中，没有用于驱动喷射器的加压蒸汽，所以有两种选项。第一种是使用水喷射器或空气喷射器，第二种是使用水环式真空泵。目前的研究中，多采用第二种方案[1~3]，根据水环式真空泵产品目录对相应的泵功耗进行评估[4]。这种真空泵的泵功率是NCG质量流量和容器在真空下的压力的函数。

释放的 NCG 量是进水组分、蒸发器设计和工作条件的函数。文献中阐述了估算 NCG 量的多种方法[5~7]，但在设计方面，通常考虑一个大当量的排气系统来处理泄漏到系统中的空气[8]。作为比较所有工艺（MED，P-MED，B-MED 和 FB-MED）的一个方案，所有系统均考虑了多级联排方案，即从每一效组中抽取 NCG 并入下一效组进入冷凝器，最后通过真空泵抽出所有积聚的 NCG。

在 FB-MED 工艺中，由于目前闪蒸室的顶部浓盐水温度与补给/浓盐水再循环比率低，且还使用除气补给水，因此相比于 MED 释放的 NCG，闪蒸室中产生的 NCG 量较小。在本书中，闪蒸室释放的 NCG 量基于闪蒸室的补给水与主要 MED 厂的进料水之间的比例（15%~25%）（对于海水应用）[1~3]。因此，一个排气系统应包含主要 MED 部分和闪蒸室所释放的 NCG。按照常规考虑，所有工艺中的排气系统设计应去除相当于冷凝器中 1%蒸气的 NCG 量[9]。

参考文献

[1] B. Rahimi, A. Christ, K. Regenauer-Lieb, H. T. Chua, A novel process for low grade heat driven desalination, Desalination 351 (October 2014) 202-212.

[2] B. Rahimi, J. May, A. Christ, K. Regenauer-Lieb, H. T. Chua, Thermo-economic analysis of two novel low grade sensible heat driven desalination processes, Desalination 365 (2015) 316-328.

[3] B. Rahimi, K. Regenauer-Lieb, H. T. Chua, A novel desalination design to better utilise low grade sensible waste heat resources, in: IDA World Congress 2015 on Desalination and Water Reuse, San Diego, US, August 30 September 4, 2015.

[4] S. R. L. Gardner Denver, Robuschi Liquid Vacuum Pumps Catalogue, 2016 (Online). Available: http://www.gardnerdenver.com/robuschi/downloads/vacuum-pumps/.

[5] K. Genthner, A. Seifert, A calculation method for condenser in multi-stage evaporators with non-condensable gases, Desalination 81 (1991) 349-366.

[6] H. Glade, J. Meyer, S. Will, The release of CO_2 in MSF and ME distillers and its use for the recarbonation of the distillate: a comparison, Desalination 182 (2005) 99-110.

[7] A. E. Al-Rawajfeh, H. Glade, H. M. Qiblawey, J. Ulrich, Simulation of CO_2 release in multiple-effect distillers, Desalination 166 (2004) 41-52.

[8] M. A. Darwish, M. M. El-Refaee, M. Abdel-Jawad, Developments in the multi-stage flash desalting system, Desalination 100 (1995) 35-64.

[9] A. Seifert, K. Genthner, A model for stagewise calculation of non-condensable gases in multi-stage evaporators, Desalination 81 (1991) 333-347.

第6章 余热性能比

6.1 简介

对于目前大多数的海水淡化应用，燃料成本与系统的能量输入成正比。这些成本可以是直接的，如使用化石燃料驱动系统；也可以是间接的，如从发电厂涡轮机提取低压蒸汽。因此，这些系统的效率的合理定义与生产淡水的具体能源消耗有关。这通过蒸汽驱动多效蒸馏（MED）系统的工业标准的增益输出比（GOR）或性能比（PR）来例证。

在蒸汽驱动工艺中，驱动力为蒸汽的潜热，其量通过当前蒸汽温度和压力下的蒸汽流量来计算。在已知可用潜热能量的优化蒸汽驱动工艺中，最大效组数（受顶部盐水温度、冷却水温度和效组间设计温差的限制）带来最大产量。因此，在每种情况下（具有相同的蒸汽运行条件，包括温度、压力和流量），任何改进都可以在相同工艺条件（即相同的蒸汽运行条件、效组数和产量）下使用的蒸汽量来检测。在这种情况下，每单位淡水的蒸汽消耗减少意味着设备的热效率更高。

但是，在通过增加效组数来改变热源出口温度的低温显热脱盐工艺中，可以实现优化的效组数及热源温降。对于这种需要与热源相结合的工艺，检测系统性能不适合用诸如 GOR 和 PR 的常规性能参数，而需要一项修正参数。

6.2 常规蒸汽驱动多效蒸馏工艺的性能

在诸如多级闪蒸或热蒸气压缩 MED 的常规蒸汽驱动系统中，GOR［公式(6.1)］，亦即淡水生产量与输入的热源蒸汽的比例或 PR［公式（6.2)］，可作为一个基准来快速有效地比较这些系统。

$$\mathrm{GOR} = \frac{\dot{m}_{\mathrm{D}}}{\dot{m}_{\mathrm{HS,steam}}} \tag{6.1}$$

式中，$\dot{m}_{\mathrm{HS,steam}}$为供给系统的蒸汽的质量流量；$\dot{m}_{\mathrm{D}}$为蒸馏液质量流量；GOR 为蒸汽驱动系统的简化公式，其中热源介质的冷凝潜热与进料的蒸发能量之间的差异可忽略不计。根据公式（6.1)，蒸汽驱动系统的任何改进可以解释为使用较少的蒸汽来生产一个单位的产量。

PR 是一个更为普遍的基准，用于比较淡水蒸发能量与初始能量输入。

$$PR = \frac{\dot{m}_D \cdot \Delta h_{ref}}{\dot{m}_{HS}(h_{HS,in} - h_{HS,out})} \tag{6.2}$$

式中，Δh_{ref}为2336kJ/kg，作为蒸馏液的具体参考焓的工业基准[1,2]。

由于大部分初始输入能量作为潜热从这一效组转移到下一效组，所以只有相对小部分的显热随着每一效组的浓盐水和淡水排出。因此，尽管通过每一效组的能量在温度方面有所下降，但是随后的过程只会产生很小的损耗。因此，每个下游效组的淡水产量仅略微下降，产量几乎随着效组的增加而相应递增。

迄今为止，为了实现高生产量，蒸汽驱动系统通常安装尽可能多的效组。最大效组数通常受限于以下三个因素：

①最高的浓盐水温度（TBT），这是海水在系统中可达到的最高温度，这通常是第一效组中盐水的温度。通过加强热源温度或材料的限制来避免过度结垢和腐蚀。对于海水应用，这个最高温度通常设定在62～75℃之间[2,3]，取决于当地的海水组分。

②冷却水温度，这是系统中最低的温度。

③每一效组间的设计温差。

由于前两个因素受操作条件所限，因此设计温差最小化是唯一能够增加 PR 的手段。因为温差的降低与增加热交换器的体积和成本有关，这个因素通常受限于经济考量。

常规系统的常用温差大约为3℃。然而，通过选择成本优化的材料和热交换器设计，商业应用可以实现低至1.5～2.5℃的温差[4]。

参考典型的操作条件，绝大部分蒸汽驱动 MED 系统的 PR 介于6～12之间。当配置了额外装置（如热蒸汽压缩系统）的情况下，PR 可达17左右，但资本、成本会大大提高[5]。

6.3 显热驱动多效蒸馏工艺的性能

当能源成本与系统能耗之间没有明显关系时，会产生不同的设计范例。这包括广泛的余热源，其热流体未经利用即排放到环境中，通常其排放还需要淡水和额外能量。此外，许多类型的可再生能源均属这一类。一个典型的例子是地热能源，其中产生成本的是热源的提供，即地热钻井的建设以及将热流体泵送到地面上的成本，与最终从地下水中提取能量的多少无关。

显然，对于这种类型的能源，仅仅通过每单位淡水的最小能耗来评价系统是不合理的。相反，更有意义的是利用热源实现最大限度的淡水产量。由于以下原因，这种差异对于显热源尤其重要。

在蒸汽驱动 MED 厂中，利用加热介质的相变所释放的潜热作为驱动力（忽略降温过程)。因此，加热介质的焓主要被冷凝所利用。由于这是一个等温过程，所以无论提取多少潜热，最高浓盐水的温度可以逼近热源输入温度(图6.1)。

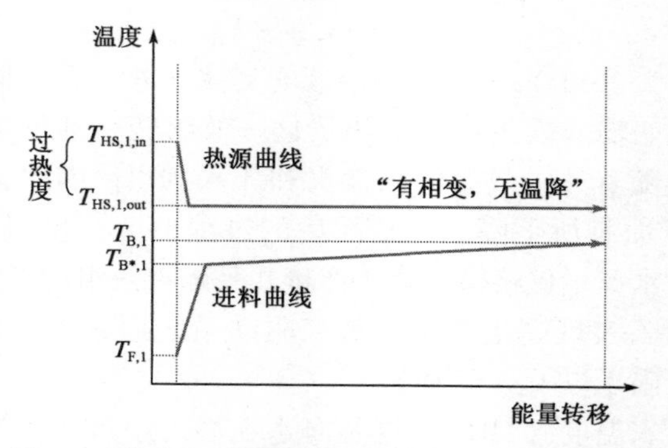

图6.1　蒸汽驱动多效蒸馏的第一效组的温度能谱

相比之下，显热源以温差提供能量；即便如此，进料海水的分离仍需要部分相变。在使用低温显热源代替蒸汽的情况下，常规MED工艺总伴随着热源温度的下降。因此，从夹点分析中可知最大顶部浓盐水温度取决于该温降梯度，而不是简单的热源输入温度（图6.2）（有关进料温度曲线的详细信息，见第4章)。

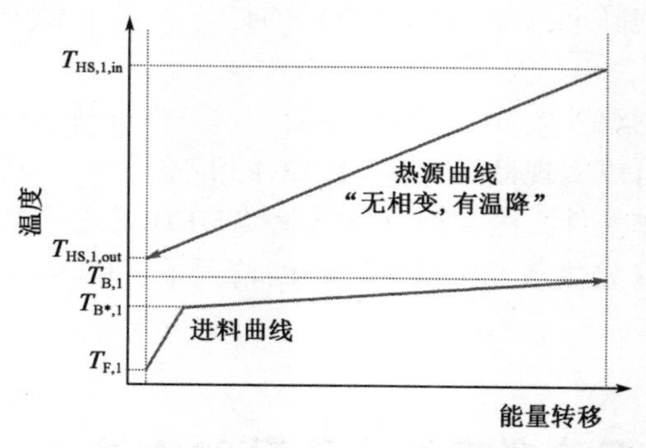

图6.2　显热驱动多效蒸馏第一效组的温度能谱（详见第4章)

在这些过程中，热源出口温度和释放能量的量根据热源入口温度而变化，这形成了优化的常规MED工艺。在这种情况下，具有更高的效组数并不能保证更高的产量[6]。这是因为在相同的工艺条件（如具有相同的冷却水温度，顶部盐水温度和设计参数）下，更高的效组数意味着较高的热源出口温度，这意味着热源流中的较低温差和在第一效组中较少的能量提取。相比之下，较少的效组数会产生较大的温差和从热源提取较多的能量，这抑制了最大TBT，但每一效组的产量不能再乘以更多的效组，因为这反过来超过了可实现的效组数，并且系统的性能可能遭到相应变差。因此，为了优化的目的，对于显热驱动工艺(对于包括顶部盐水和冷却水温度以及通过每一效的温度差异[1]在内的操作和设计限制)，效组数量和热源温差之间的平衡是必要的，以便找到使产量最大化的配置。

因此，最大可能的顶部盐水温度由该温度下降的梯度决定，而不是根据夹点分析确定的热源输入温度（图6.2）。有关进给温度曲线的详细信息，请参阅第4章。

6.4 余热性能比

针对低温余热应用，综上所述，利用PR来检测性能并认为根据热源消耗量以计算成本，并没有捕捉到利用这种热源驱动海水淡化厂的本质，因为后者只吸引了一次性投资成本，而不是持续的热能成本。换言之，对于这种热源，简单地通过最小单位产量热源能耗来评估系统性能是不合理的[1]。尽可能多地利用热源（在操作和设计限制允许的情况下）来实现最大产量是更为理想的方案[1]。为此，使用了一种改进的PR，称为余热性能比（PR_{WH}），鼓励最大限度地利用相对于冷却源的低温热源焓差，以推广低温显热驱动过程中的有效基准[1,6]。

受到余热式制冷机设计的启发[7]，拟定改进的PR_{WH}以评估显热（余热）源的利用。亦即，适用于常规PR的系统实际能耗被热源的可用最大能量取代。PR_{WH}可定义为：

$$PR_{WH} = \frac{\dot{m}_d \Delta h_{ref}}{\dot{m}_{hs} \Delta h_{available}} = \frac{\dot{m}_d \Delta h_{ref}}{\dot{m}_{hs}(h_{f_{hs,in}} - h_{f_{cond,in}})} \tag{6.3}$$

式中，$\Delta h_{available}$为热源相对于最低可用温度的最大可利用能量，在这种情况下是冷凝器入口温度。如果排出的热介质不能用于任何其他有价值的应用且余热被排放到环境中，则该假设成立。这种情况在许多水密集的矿业和精炼活动中普遍存在。

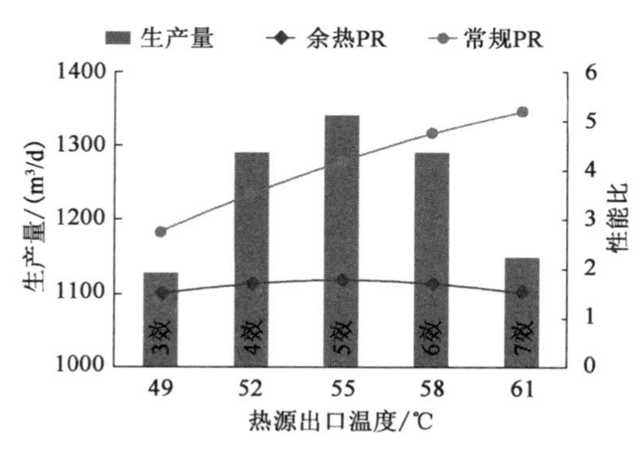

图6.3 在75℃入口热源温度和100kg/s质量流量下不同效组数的生产量、常规性能比和余热性能比

图6.3 比较了与75℃热源入口温度相结合的MED 工艺的PR 和 PR_{WH}。通过将效组数量从3 增加到7，热源出口温度降低，然而，存在最佳生产量。该参数在5 效组的情况下达到最大化。如图6.3 显示，常规PR 的趋势与生产量趋势相悖。相比之下，PR_{WH}与生产量趋势相同。它强调了以PR 衡量工艺效率乏善可陈，并与 PR_{WH}和产量之间的强相关性形成鲜明的对比。

参考文献

[1] A. Christ，K. Regenauer-Lieb，H. T. Chua，Thermodynamic optimisation of multi-effect-distillation driven by sensible heat sources，Desalination 336（2014）160-167.

[2] L. Awerbuch，Understanding of Thermal Distillation Desalination Processes，IDA Academy，Singapore，2012.

[3] T. Pankratz，J. Tonner，Desalination，second ed.，Lone Oak Publishing，2009.

[4] A. Ophir，F. Lokiec，Advanced MED process for most economical sea water desalination，Desalination 182（1-3）(November 2005）187-198.

[5] C. Sommariva，Water Management and Economics，IDA Academy，Singapore，2012.

[6] B. Rahimi，A. Christ，K. Regenauer-Lieb，H. T. Chua，A novel process for low grade heat driven desalination，Desalination 351（October 2014）202-212.

[7] H. T. Chua，K. C. Ng，a. Malek，T. Kashiwagi，a. Akisawa，B. B. Saha，Multi-bed regenerative adsorption chiller e improving the utilization of waste heat and reducing the chilled water outlet temperature fluctuation，Int. J. Refrig. 24（2001）124-136.

第7章 热经济分析

7.1 简介

许多作品已经审查或评估了海水淡化技术的经济可行性。迄今，这些作品的重点主要是对目前技术水平的审视[1~16]。关于尚未达到样机阶段的新技术的经济可行性报告不太多。此外，大多数作者在比较脱盐技术的经济可行性时，重点关注蒸馏液的单位成本，对年度现金流量、资本投资要求与相关运营成本的关注较少。根据巴蒂路（Badiru）和纽南（Newnan）[17,18]的研究，更重要的是现金流量和工厂设施固有的货币价值，这意味着资本预算指标如净现值（NPV）和内部收益率（IRR）等比单位成本对工程项目的比较有更大的意义。本章通过NPV、IRR等[19]指标介绍一种广义方法以定量比较低温显热驱动海水淡化工艺[亦即多效蒸馏（MED）、预热（P-MED）、增强（B-MED）和闪蒸增强（FB-MED）]的经济价值。

资本预算指标，如净现值、内部收益率和增量收益率（ΔIRR）可用于定量评估投资是否具有比替代投资更大的经济效益。通过假设所有常规MED、P-MED、B-MED和FB-MED都处于相同现场情况，该指标可评估哪项工艺更经济。为了确定该指标，需要估计年度现金流量。因此，需要估算初始投资以及年度运营费用。

7.2 资本成本分析

假设海水淡化厂所需的初始投资等于该工厂的总资本成本，包括工程，调试，架设，设备，仪表，电子和控制等成本。全球水信息脱盐厂库存提供了常规MED和多级闪蒸（MSF）海水淡化厂可靠的工程、采购和建筑成本的数据[20]，从该数据可插值估算作为产量函数的总厂房资本成本[19,21]。在本书中，国际海水淡化协会的普查数据[20]适用于广义分析。帕克（Park）等[9]认为地点差异对淡化厂的累积成本几乎毫无影响，因此无论工厂地点在哪，所有的数据都被纳入考虑。与MSF和MED厂的资本成本有关的数据分布能通过回归分析，使其成为日产量的回归函数。该数据取自图7.1所示的有界区域，突出了数据点密集保守的范围[19]。为了提高回归分析的准确性，去除了明显的异常值，仅保留了高密度区域上限的保守值。因此，剩余数据获得的回归方程可以估算生产能力高达10000m³/d 的厂房资本成本，其适用范围涵盖了所有的模拟产量。公式（7.1）源自对调整后的数据的回归分析，能估算作为 MED 和 MSF 厂日产量函数的资本成本[19]。

$$TCC_{MED,MSF}(美元) = \Psi_{D_t} = 3054 \times D_t^{0.9751} \tag{7.1}$$

式中，$TCC_{MED,MSF}$为海水淡化厂的总资本成本；D_t 为常规工厂的日总产量，m³/d。有界区域相关数据的函数（$R^2=0.994$）（用两条虚线表示）表明，保守的资本成本是该区域厂房产能的函数[19,21]。

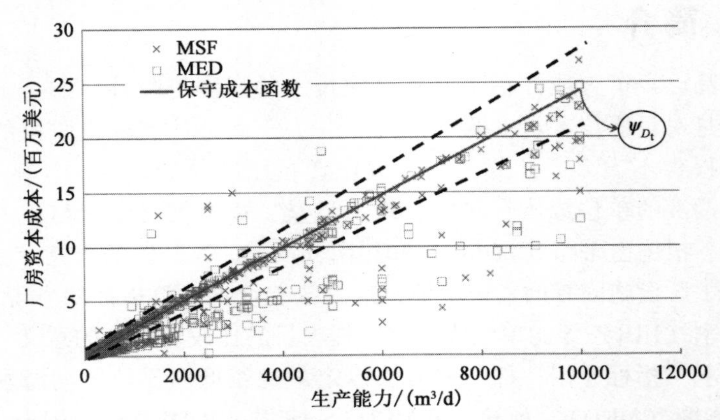

图 7.1 热能（MED 和 MSF）海水淡化厂资本成本作为日产能的函数，添加虚线以界定上限密集数据点区域

索马里瓦（Sommariva）等[22~24]将 MED 和 MSF 系统的资本成本细分为五个主要部分：蒸发器（占总资本成本的 40%）；设备和管道（29%）；架设（14%）；工程与调试（10%）；电力、仪表和控制（7%）。

P-MED 厂的总资本成本由公式（7.2）确定，表示为主要 MED 部分（第一项）的资本成本与用作预热器热交换器的资本成本（第二项）的总和。基于热交换器（板、壳、管等）的类型，可以计算第二项（见板式热交换器附录 E）。

$$TCC_{P\text{-}MED}(美元) = \Psi_{D_t} + \sum_{i=1}^{j} CC_{prh,i} \tag{7.2}$$

B-MED 工厂的总资本成本近似为三项资本成本的总和［见公式（7.3）］，第一项为主要 MED 部分的资本成本，第二项为额外传热要求的附加成本，第三项指定为增强器成本[19]，纳入括号内的第二项考虑了蒸汽注入主要 MED 效组的额外传热要求。假设蒸发、冷凝过程的总传热系数相近[25]，因此，处理额外蒸汽的注入的面积仅需一般传热面积的一半，由此转换为上述蒸发器成本的五成［即总成本的 40%（蒸发器成本）的 50%[22,23]，也就是 20%］。然后将这因子应用于具有 B-MED 产能的 MED 厂和具有 B-MED 产能但减免了从增强器注入的蒸汽量的 MED 厂之间的资本成本差异。增强器的成本近似为日产量相当于增强器本身产能的 MED 成本。该成本再贴现 69%，假设增强器成本仅包括蒸发器（占总资本成本的 40%）、设备及管道成本（占总资本成本的 29%）[19,21,24]。

$$\text{TCC}_{\text{B-MED}}(\text{美元}) = \Psi_{D_{t,\text{B-MED}}-D_{\text{Booster}}} + [0.20 \times (\Psi_{D_{t,\text{B-MED}}} - \Psi_{D_{t,\text{B-MED}}-D_{\text{Booster}}})] + 0.69\psi_{D_{\text{Booster}}} \tag{7.3}$$

对于 FB-MED，资本成本估计等于主要 MED 部分与闪蒸室的成本之和，外加成本增加因子以考虑辅助蒸汽注入主要 MED 效组所需的额外传热要求。公式（7.4）指定了 FB-MED 成本，第一项关乎 FB-MED 中的主要 MED 效组，乃基于这些效组的蒸汽产量。纳入括号的第二项是增加因子，以考虑蒸汽注入主要 MED 的额外传热需求。再次如前所述，20%的因素应用于具有 FB-MED 产能的 MED 和具有 FB-MED 产能但减免了从闪蒸室注入的总蒸汽量的 MED 厂之间的资本成本差异。第三项规定了增加系统蒸汽产量的闪蒸室的成本。相比于 MSF 厂，闪蒸室不需要冷凝器管道，亦不需要排热部分，而这正是热海水淡化的主要成本项目[22~24]。为此，参照海水淡化厂的成本明细，在 MSF 厂中，大约 30%的蒸发器成本与闪蒸室有关（即 40%的 30%，亦即 12%的应用因子）[19]。考虑设备和管道的成本占总资本成本的 29%，闪蒸室的资本成本可估算为 $0.41\Psi_{D_{\text{FC}}}$。第四项是浓盐水加热器的资本成本，在使用板式液-液热交换器的情况下，可以通过附录 E 中的相关方程进行保守评估。

$$\text{TCC}_{\text{FB-MED}}(\text{美元}) = \Psi_{D_{t,\text{FB-MED}}-D_{\text{FC}}} + [0.20 \times (\Psi_{D_{t,\text{FB-MED}}} - \Psi_{D_{t,\text{FB-MED}}-D_{\text{FC}}})] + 0.41\Psi_{D_{\text{FC}}} + \text{CC}_{\text{hex}} \tag{7.4}$$

7.3 运营成本分析

年运营费用是海水淡化设施的重要成本。假定年运营费为电力、劳动力、化学添加剂、维护和备件以及保险成本［公式（7.5）］。假设运营条件、外部经济状况和工厂可靠性有恒定性，使年运营费在工厂的使用寿命内保持不变，再假设通膨率（通货膨胀率）以考虑商品和服务成本的叠增。

$$\text{OPEX}_m = (\text{AEC} + \text{LC} + \text{ChC} + \text{MSIC}) \times (1 + \text{ES})^{m-1} \quad m \in \{1,2,3,\cdots,n\} \tag{7.5}$$

式中，OPEX_m为每年的运营成本；AEC、LC、ChC 和 MSIC 为年电力成本、劳动力成本、化学添加剂成本以及第一年的维护、备件和保险费用；ES 为通膨率，显示了每年通货膨胀的影响。为简单起见，忽视通货膨胀率，所有这些成本可视为经年不变，以 OPEX 在工厂的使用寿命期间不会变化。

7.3.1 电力

电耗近似于所有过程中泵消耗的电力，因此主要构成淡化厂总电耗。基于现有的过程模拟，每个过程泵的电耗是已知的[21]。年电力成本（AEC）由公式（7.6）得出[19]。

$$AEC = EUPpD_t f \times 365 \quad (7.6)$$

式中，电力单位价 EUP 是一项区域性参数（见第 8 章），假设澳大利亚公布的电费为 0.151 澳元/kW·h[19,26]，再基于 2014 年每美元 1.086 澳元的汇率转换为美元[27]（但是，汇率不同，应在评估时更新）。工厂利用率 f 假定为每年 95%[19,21]。

参考第 5 章，我们需要考虑五个泵，包括给盐水进水泵、热源泵、不凝气体抽取（真空）泵、蒸馏液泵和浓盐水排出泵。要使 P-MED 和 B-MED 的热效率和产量得到提升，这些泵的功率要求需提高。对于 FB-MED 工艺，可以通过增加这些泵的工作负载以及通过添加浓盐水再循环泵、补给水泵和排水泵来实现，这些添加泵为增强 MED 效组的闪蒸室服务。与泵功耗计算有关的所有细节，包括效率和相关压头详见第 5 章。

7.3.2 劳动力

基于实际成本数据，每 4543m³/d 工厂产能预计需要一名全职技术人员[19]。这个因素也随不同区域、国家和地区的参数而变化。澳大利亚水服务业雇员的年平均成本是 97905 美元[19,28]。本书考虑的模拟产量均低于 4543m³/d（见第 8 章），因此假设人工成本（LC）固定为规定值，如方程式（7.7）所示[19]。

$$LC = 97905f \quad (7.7)$$

7.3.3 化学药品

化学添加剂对于确保脱盐工艺的有效性和可维护性以及水产品的卫生是必需的，这构成必要的年度费用。MED 的给水具有高的化学剂量要求，这构成常规 MED 的总体化学成本。由于 P-MED 和 B-MED 与常规 MED 结构相同，所以具体化学剂量和成本（以给水量计）将以相同的方式计算，即 0.0223 美元/m³[13,19,25]。

由于闪蒸室进料需要化学处理，所以 FB-MED 具有额外的化学要求。根据文献[13,19,25]中的数据，MED 给水的具体化学剂量成本是前面提到的 0.0223 美元/m³，而根据文献[6,12,13,19,25]中的数据，闪蒸室给水的具体化学成本假定为 0.0198 美元/m³。假设闪蒸室进料的化学需求与 MSF 低温蒸发器进料的需求相似。

公式（7.8）可以估计上述各部分的年化学成本（ChC）（主要 MED 或闪蒸室）。

$$ChC = \dot{m}_{F,total} CUP \times 3600 \times 24 \times 365 f/\rho_F \qquad (7.8)$$

式中，CUP为上述化学剂单价；$\dot{m}_{F,total}$为有关部分的总给水流量。

7.3.4 维护、备件与保险

维护、备件与保险（MSIC）的年成本为工厂总资本成本的1.5%[29]，由公式（7.9）[19]设定。任何海水淡化厂的维护与备件成本高度依赖于现金流量的时间安排以及工程服务与管理素质等因素。因此，使用MED工艺的工厂，其年成本可能与使用P-MED、B-MED或FB-MED的成本差别很大，特别是在这些技术的萌芽期。但是，在没有其他合理选项的情况下，该成本近似为总资本成本的一个百分比[19]。

$$MSIC = 1.5\% \times TCC \qquad (7.9)$$

式中，总资本成本（TCC）确定为生产能力的函数，计算方法见7.2节。

7.4 现金流量与资本预算指标

假定海水淡化厂寿命期间的年运营费用、所得税、贷款还款与收入为其年现金流量，并且所有收入与支出从起始年起每年以3%的速率增长[19]以考虑通胀效应（当然，该速率在不同国家和地区会有所变化）。之后现金流便能确定资本预算指标，以便比较工艺。假设初始投入等于海水淡化厂的总资本成本，而且该成本在工厂刚投入运作时即完全支出。

7.4.1 收入

假设一段时间内，海水淡化厂的收入与在同期内以平均市价售出的工厂总产量的收入相等[19]。因此，每年终收入可通过公式计算：

$$Income_m = 365 D_t f WMP \times (1 + ES)^{m-1} \qquad (7.10)$$

式中，$Income_m$为每年年终的收入（m在$1 \sim n$之间）；WMP为从外部供应商处获得的水产品（蒸馏液）市价，假定澳大利亚平均水价为2.72澳元/m^3[30]，再根据当前的汇率换算成美元[27]；ES为通胀率，随不同的地区和国家而变化。在模拟中，以3%的通胀率来计算将来的收入[19]。应该注意的是，所有这些假设取决于地区、国家与时间。

7.4.2 成本

主要成本包括运营成本、折旧、还贷付息和所得税。在7.3节中已解释过该运营成本。假设简单直线（SL）折旧适用于工厂的资本成本［公式（7.11）］。

$$SL_m = \frac{CA - SV}{n} \qquad (7.11)$$

式中，CA 为资产的成本（可以认为是 TCC）；SV 为剩余价值，在本书中认为是零；n 为工厂总寿命，这被认为是可贬值的年限。公式（7.11）为年均折旧成本。

偿还贷款时，假设银行贷款的初始投资成本相当于工厂总资本成本的 50%（BLP），附加费为2%用于支付杂项银行费用，并且年利息为 8%[19]（这些假设可能会因不同区域、国家、地区和银行而改变）。假设贷款在工厂使用寿命（假设为 30 年）终结时全部偿还，年度固定还款以公式（7.12）计算。公式（7.13）规定了资本回收率 CRF，以计算单项摊销价值的因子，即在 n 年内摊销的金额，以年度利率 i 计算[12,18,25]。

$$PMT_m = (1 + S) \cdot BLP \cdot TCC \cdot CRF \tag{7.12}$$

$$CRF = \frac{i(1+i)^n}{(1+i)^n - 1} \tag{7.13}$$

PMT 在工厂生命周期中也具有固定的年度价值。

所得税是以应纳税所得额（亦即收入、营业成本、折旧和银行年利息的总和）的固定 30%税率计算［公式（7.14）］[31]。然而，所得税往往会同样影响替代方案，允许在不考虑所得税的情况下进行比较。不同国家和地区的税率也会发生变化。按通货膨胀和税收调整，一年内的现金流量总和应等于总年收益和总年支出的差额。

$$ITAX_m = TR(Income_m + OPEX_m + SL_m + IPMT_m) \tag{7.14}$$

式中，$ITAX_m$为年度所得税；TR 为税率；$IPMT_m$为年度银行利息支付，按照固定的年度还款与贷款额计算。表 7.1 显示了贷款偿还的本金（$PPMT_m$）和利息（$IPMT_m$）支付的方法。

表 7.1 本金和利息支付的相关方程

年	期末余额	年度固定	利息支付	本金支付
0	$LA_0 = (1+S) \cdot BL \cdot TCC$	—	—	—
1	$LA_1 = LA_0 - PPMT_1$	$PMT_1 = LA_0 \cdot CRF$	$IPMT_1 = i \cdot LA_0$	$PPMT_1 = PMT - IPMT_1$
2	$LA_2 = LA_1 - PPMT_2$	$PMT_2 = LA_0 \cdot CRF$	$IPMT_2 = i \cdot LA_1$	$PPMT_2 = PMT - IPMT_2$
3	$LA_3 = LA_2 - PPMT_3$	$PMT_3 = LA_0 \cdot CRF$	$IPMT_3 = i \cdot LA_2$	$PPMT_3 = PMT - IPMT_3$
4	$LA_4 = LA_3 - PPMT_4$	$PMT_4 = LA_0 \cdot CRF$	$IPMT_4 = i \cdot LA_3$	$PPMT_4 = PMT - IPMT_4$
…	…	…	…	…
$n-1$	$LA_{n-1} = LA_{n-2} - PPMT_{n-1}$	$PMT_{n-1} = LA_0 \cdot CRF$	$IPMT_{n-1} = i \cdot LA_{n-2}$	$PPMT_{n-1} = PMT - IPMT_{n-1}$
n	$LA_n = LA_{n-1} - PPMT_n = 0$	$PMT_n = LA_0 \cdot CRF$	$IPMT_n$	$PPMT_n = PMT - IPMT_n$

在表 7.1 中，LA_0是首次（0 年）从银行借出的贷款总额。LA_n是在贷款年限结束时剩余的贷款余额，应等于零。利息和本金是每年固定还款的部分，因此 $PMT = PPMT_m + IPMT_m$。Excel 电子表格也有计算 PMT，PPMT 和 IPMT 的功能。这些功能与本章中使用的名称相同（PMT，年度银行利息支付；PPMT，贷

款本金偿还；IPMT，利息支付）。

从公式（7.14）中找到$ITAX_m$后，可以计算税后收入，亦即：

$$ATAX\ Income_m = Income_m + OPEX_m + PMT_m + ITAX_m \tag{7.15}$$

ATAX 收入是投资者每年在经营中赚取的净收益。

7.4.3 净现值与选择最佳方案

通过设定每个工厂在整个生命周期内的现金流量，可以计算经济指标。这些指标（通常称为资本预算指标）可以比较投资和项目的经济价值。NPV 被广泛认为是对投资和项目经济价值排名的最佳指标[17,18,32]，在本书中，NPV 是用作评比的主要手段。公式（7.16）[18]规定的净现值是项目或投资的年现金流量总和，以利率 i 折现为当期价值。

$$NPV = 效益现值 - 成本现值 = \sum_{m=1}^{n} \frac{ATAX\ Income_m}{(1+i)^m} - TCC \tag{7.16}$$

内部收益率（IRR）是 NPV 等于零的利率，亦即收益相当于成本。ΔIRR 指标和增量分析是比较两项或多项方案的首选方法[17,18]。增量分析比较两个具体投资或工程项目寿命中的现金流量。ΔIRR 是两个项目现金流量差的 NPV 等于零的利率[18]。

对于伴随正常商业风险和不确定性的项目，假定可接受的最低回报率（MARR）等于8%贷款利率（该利率会随国家和银行变化）[18,19]。除非已知 MARR，否则均不可能分析 NPV 和年现金流量，因此该参数是上述分析的基本参数。

为了便于理解，图7.2 绘制三项方案的 NPV-利率曲线（A、B 和 C）。如方程（7.17）所示，通过了解每年税后收入及 TCC，可以根据利率绘制净现值曲线（图7.2）。为了选择最佳方案，需要根据利率分析图表。如在 0 到 i_1之间的利率显示，方案 A 具有最高的净现值，因此在此区间内的任何 MARR，该方案是最佳的选项。应用相同的方法来分析其他利率范围，取得最高 NPV 的方案即是最佳选项。最有趣的是，不做事可能是最好的选择。如图 7.2 所示，方案 C 的 NPV 在 i_3为零。在这种情况下，对于超过 i_3的任何 MARR，不做任何事是最理性的。方程（7.17）总结了图7.2。

$$最佳方案 = \begin{cases} A & 0 \leqslant MARR \leqslant i_1 \\ B & i_1 \leqslant MARR \leqslant i_2 \\ C & i_2 \leqslant MARR \leqslant i_3 \\ 不做事 & i_3 \leqslant MARR \leqslant \infty \end{cases} \tag{7.17}$$

在分析 ΔIRR 的情况下，如前所述，例如对于两种方案 B 和 C，ΔIRR_{B-C}（即 i_2）显示了这两项方案 NPV 相等的利率。这意味着这一点是选择最佳方案决策变化的临界点。

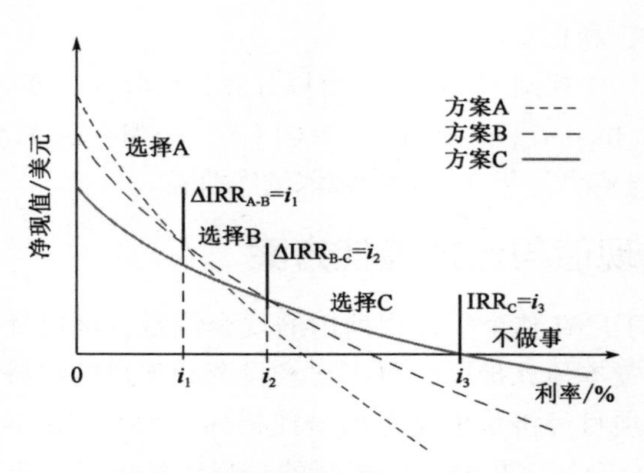

图 7.2 三种不同方案的净现值图

7.4.4 单位成本

水的单位成本为 UPC，公式（7.18）也被用作比较海水淡化厂和工艺的适当指标[5,8,10,12,25,33]。UPC 指标适用于对脱盐厂生产成本的评比；然而，最低单位生产成本的工厂并不一定是最盈利的工厂。赋税、资产折旧、利息等也影响工程项目的盈利能力。海水淡化厂是一项货币投资，也是一项工程项目，因此必须与其他方案比较其盈利能力与价值。帕斯夸尔（Pasqual）[32]认为，净现值等指标是评比投资方案的最佳手段，这是当前的共识。

$$\mathrm{UPC}=\frac{\mathrm{TCC}\cdot \mathrm{CRF}+\mathrm{OPEX}}{365fD_{\mathrm{t}}} \tag{7.18}$$

为简单起见，在方程（7.18）中，通膨率对经营成本的影响被忽略，因此 OPEX 指的是运营第一年产生的运营费用，可以初步估算固定的年度 UPC。

为了考虑通膨率对工厂使用寿命期间运营费用的影响，可以根据 NPV 分析计算 UPC。在这种方法中，致使 NPV 等于零［如方程（7.16）］的市场水价（见7.4.1 节）是工厂寿命期间的固定 UPC。这种确定 UPC 的方法将在后续章节中使用。

参考文献

［1］ I. C. Karagiannis，P. G. Soldatos，Water desalination cost literature：review and assessment，Desalination 223（2008）448-456.

［2］ R. Borsani，S. Rebagliati，Fundamentals and costing of MSF desalination plants and comparison with other technologies，Desalination 182（1e3）（November 2005）29-37.

［3］ A. M. El-Nashar，Why use renewable energy for desalination，in：Desalination and Water Resources（DESWARE），Renewable Energy Systems and Desalination，vol. 1，EOLSS，2010，pp. 202-215.

［4］ N. M. Wade，Distillation plant development and cost update，Desalination 136（2001）3-12.

［5］ W. El-Mudir，M. El-Bousiffi，S. Al-Hengari，Performance evaluation of a small size TVC desalination plant，Desalination 165（2004）269-279.

[6] H. M. Ettouney, H. T. El-Dessouky, R. S. Faibish, P. J. Gowin, Evaluation the economics of desalination, Chem. Eng. Prog. (CEP) (December 2002) 32-39.

[7] P. Fiorini, E. Sciubba, Thermoeconomic analysis of a MSF desalination plant, Desalination 182 (1e3) (November 2005) 39-51.

[8] N. Lior, Advances in Water Desalination, John Wiley & Sons, Inc., 2013.

[9] M. Park, N. Park, H. Park, H. Shin, B. Kim, An economic analysis of desalination for potential application in Korea, Desalination 114 (1997) 209-221.

[10] O. J. Morin, Design and operating comparison of MSF and MED systems, Desalination 93 (1993) 69-109.

[11] O. J. Morin, Process optimization —cost criteria, in: Desalination and Water Resources (DESWARE), Thermal Desalination Process, vol. 1, EOLSS, 2010, pp. 188-209.

[12] A. S. Nafey, H. E. S. Fath, A. A. Mabrouk, Exergy and thermoeconomic evaluation of MSF process using a new visual package, Desalination 201 (1-3) (November 2006) 224-240.

[13] A. S. Nafey, H. E. S. Fath, A. A. Mabrouk, Thermo-economic investigation of multi effect evaporation (MEE) and hybrid multi effect evaporationdmulti stage flash (MEE-MSF) systems, Desalination 201 (1e3) (November 2006) 241-254.

[14] A. S. Nafey, H. E. S. Fath, A. A. Mabrouk, Thermoeconomic design of a multi-effect evaporation mechanical vapor compression (MEEeMVC) desalination process, Desalination 230 (1e3) (September 2008) 1-15.

[15] A. M. El-Nashar, The economic feasibility of small solar MED seawater desalination plants for remote arid areas, Desalination 134 (2001) 173-186.

[16] K. Thu, A. Chakraborty, B. B. Saha, W. G. Chun, K. C. Ng, Life-cycle cost analysis of adsorption cycles for desalination, Desalin. Water Treat. 20 (2010) 1-10.

[17] A. B. Badiru, O. A. Omitaomu, Computational Economic Analysis for Engineering and Industry, Taylor and Francis, Hoboken, 2007.

[18] D. G. Newnan, J. P. Lavelle, T. G. Eschenbach, Engineering Economic Analysis, Oxford University Press, 2009.

[19] B. Rahimi, J. May, A. Christ, K. Regenauer-Lieb, H. T. Chua, Thermo-economic analysis of two novel low grade sensible heat driven desalination processes, Desalination 365 (2015) 316-328.

[20] IDA Desalting Plants Inventory, 2011 (Online). Available: http://www.desaldata.com.

[21] B. Rahimi, A. Christ, K. Regenauer-Lieb, H. T. Chua, A novel process for low grade heat driven desalination, Desalination 351 (October 2014) 202-212.

[22] C. Sommariva, H. Hogg, K. Callister, Maximum economic design life for desalination plant: the role of auxiliary equipment materials selection and specification in plant reliability, Desalination 153 (2002) 199-205.

[23] C. Sommariva, H. Hogg, K. Callister, Cost reduction and design lifetime increase in thermal desalination plants: thermodynamic and corrosion resistance combined analysis for heat exchange tubes material selection, Desalination 158 (May 2003) 17-21.

[24] C. Sommariva, D. Pinciroli, E. Tolle, R. Adinolfi, Optimization of material selection for evaporative desalination plants in order to achieve the highest cost-benefit ratio, Desalination 124 (1999) 99-103.

[25] H. T. El-Dessouky, H. M. Ettouney, Fundamentals of Salt Water Desalination, Elsevier Science B. V., 2002.

[26] Synergy, Standard Electricity Prices and Chargese South West Interconnected System, 2013 (Online). Available: http://www.synergy.net.au/docs/Standard Electricity Prices Charges brochure2014. PDF.

[27] Reserve Bank of Australia, Exchange Rates, Reserve Bank of Australia, 2014 (Online). Available:

www. rba. gov. au/statistics/frequency/exchange-rates. html.

[28] Australian Bureau of Statistics (ABS), Labour Costs Australia 2010e2011, 2012.

[29] O. J. Morin, Cost aspects e MSF, in: Desalination and Water Resources (DESWARE), Thermal Desalination Processes, vol. II, EOLSS, 2010, pp. 1-30.

[30] Australian Bureau of Statistics (ABS), Western Australia. State Fact Sheet 2013, 2014 (Online). Available: http: //www. abs. gov. au/AUSSTATS/.

[31] ATO, Tax Rates 2012e13, Australian Taxation Office (ATO), 2014 (Online). Available: https: //www. ato. gov. au/Rates/Company-tax/.

[32] J. Pasqual, E. Padilla, E. Jadotte, Technical note: equivalence of different profitability criteria with the net present value, Int. J. Prod. Econ. 142 (1) (March 2013) 205-210.

[33] M. K. Wittholz, B. K. O'Neill, C. B. Colby, D. Lewis, Estimating the cost of desalination plants using a cost database, Desalination 229 (1-3) (September 2008) 10-20.

第8章 新型低温热驱动蒸馏在海水淡化中的应用

8.1 简介

在第4章已经阐述了所有工艺［即常规多效蒸馏（MED）、预热 MED（P-MED）、增强 MED（B-MED）和闪蒸增强 MED（FB-MED）］的模拟方法。第5章介绍了所有所需泵的特点，包括每个过程中相关的泵功率。第7章详述了评比所有工艺的现金流分析。接下来，本章详细讨论常规 MED、B-MED 与 FB-MED 工艺的热经济分析。在低温显热应用方面，由于 B-MED 工艺在经济上优于 P-MED 工艺[1]，因此后者不在本章中赘述。

工艺的过程模拟及验证均基于稳态分析和适当的边界条件（表8.1）[2~4]。

表8.1 热力学模拟的假设

项目	数值
最高浓盐水温度/℃	70
热源流量 $\dot{m}_{HS}$/(kg/s)	100
热源温度/℃	65，70，75，80，85，90
进料与蒸汽比（35%蒸汽）	2.857
$T_{cond,in}$/℃，$T_{cond,out}$/℃	28，38
Δp_{inj}①/Pa	500
闪蒸室中 BPE + NEA/℃②	1
液-液热交换器最小逼近温差/℃②	3.0
各蒸发器中热源介质的最低温降/℃	6.0
进料盐度（X_F）/(1.0×10^{-6}mg/kg)	35，000
各板式换热器的最大 NTU②	5.0
闪蒸部分的最大出口盐度 $X_{B,FC}$/（mg/kg）②	0.07

① 用于增强多效蒸馏和闪蒸增强多效蒸馏工艺中蒸汽注入的相关压降。

② 适用于闪蒸增强多效蒸馏的配置。

表8.1罗列了模拟中所有既定的假设。热源介质为水，其流量在所有模拟中均为100kg/s。冷凝器入口的海水温度为28℃，海水盐度为0.035mg/kg。由于结垢问题，这是 MED 第一效组的首要问题，最高顶部浓盐水温度为70℃。对于板式液-液热交换器，最小逼近温差为3℃。根据板式换热器厂家的有关建议，

最大 NTU 等于 5.0[5]。因此，在需要较高要求 NTU 的情况下，可以将两个或多个板式热交换器串联。将蒸汽从增强器（B-MED 工艺）或闪蒸室（FB-MED 工艺）注入主要 MED 厂的相关效组，500Pa 的压差已经足够[6]。

模拟结果和热经济分析详见以下各章节。

8.2 模拟结果

在 65～90℃范围内，显热源温度之间的所有结果包括生产量、效组数、泵功耗和余热性能比，见表 8.2。图 8.1～图 8.3 显示了优化的 MED、B-MED 及 FB-MED 系统的原理图，它们耦合到 65℃的显热源。表 8.3 还包括工艺中的主要流量。

表 8.2 常规、增强和闪蒸增强多效蒸馏（MED）的产量及功耗

热源入口温度/℃	65	70	75	80	85	90
优化的常规 MED						
淡水产量/(m^3/d)	707	998	1341	1694	2103	2510
单位泵耗功率/（kW·h/m^3）	2.15	2.10	1.69	1.64	1.38	1.36
效组数	4	4	5	5	6	6
热源温降/℃	12.9	18.2	20.5	25.8	28.2	33.7
PR_{WH}	1.18	1.47	1.77	2.03	2.30	2.53
优化的增强 MED						
淡水产量/(m^3/d)	865	1217	1603	2034	2462	2920
单位泵耗功率/(kW·h/m^3)	2.46	1.88	1.72	1.56	1.47	1.36
MED 效组数/注射效组数	5/5	6/5	6/5	7/6	7/6	8/7
产量比①/%	22	22	20	20	17	16
单位功耗比①/%	14	-11	1	-5	6	0
热源温降/℃	17.6	19.7	24.7	29.8	34.8	39.9
PR_{WH}	1.44	1.80	2.12	2.43	2.69	2.94
PR_{WH}比/%	22	22	20	20	17	16
闪蒸增强 MED②						
淡水产量/(m^3/d)	945	1417	1922	2426	2928	3430
单位泵耗功率/(kW·h/m^3)	3.20	2.77	2.54	2.32	2.20	2.13
MED 效组/闪蒸室数量	5/4	7/6	9/8	10/9	10/9	10/9
产量比①/%	34	42	43	43	39	37
单位功耗比①/%	49	32	50	41	60	57
热源温降/℃	19.5	24.6	29.8	34.9	40.0	45.1
PR_{WH}	1.58	2.09	2.54	2.90	3.20	3.45
PR_{WH}比/%	34	42	43	43	39	36

① 相对于优化的常规 MED 替代方案。

② 这是未经优化的闪蒸增强 MED（FB-MED）工艺。结果基于每个情况下闪蒸室的最大数量。第 8.3.4 节说明了每个情况的优化 FB-MED 工艺。

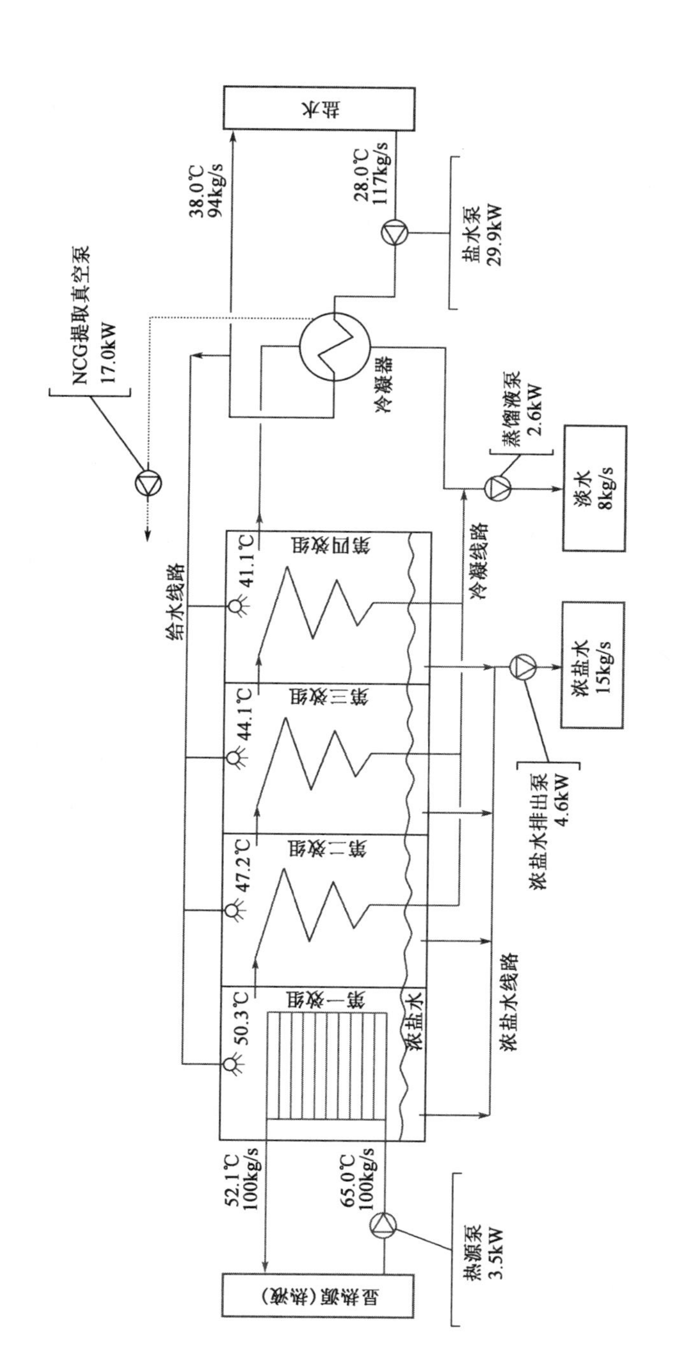

图8.1 优化的常规多效蒸馏系统的示意图(根据65℃入口热源温度模拟的典型数量)

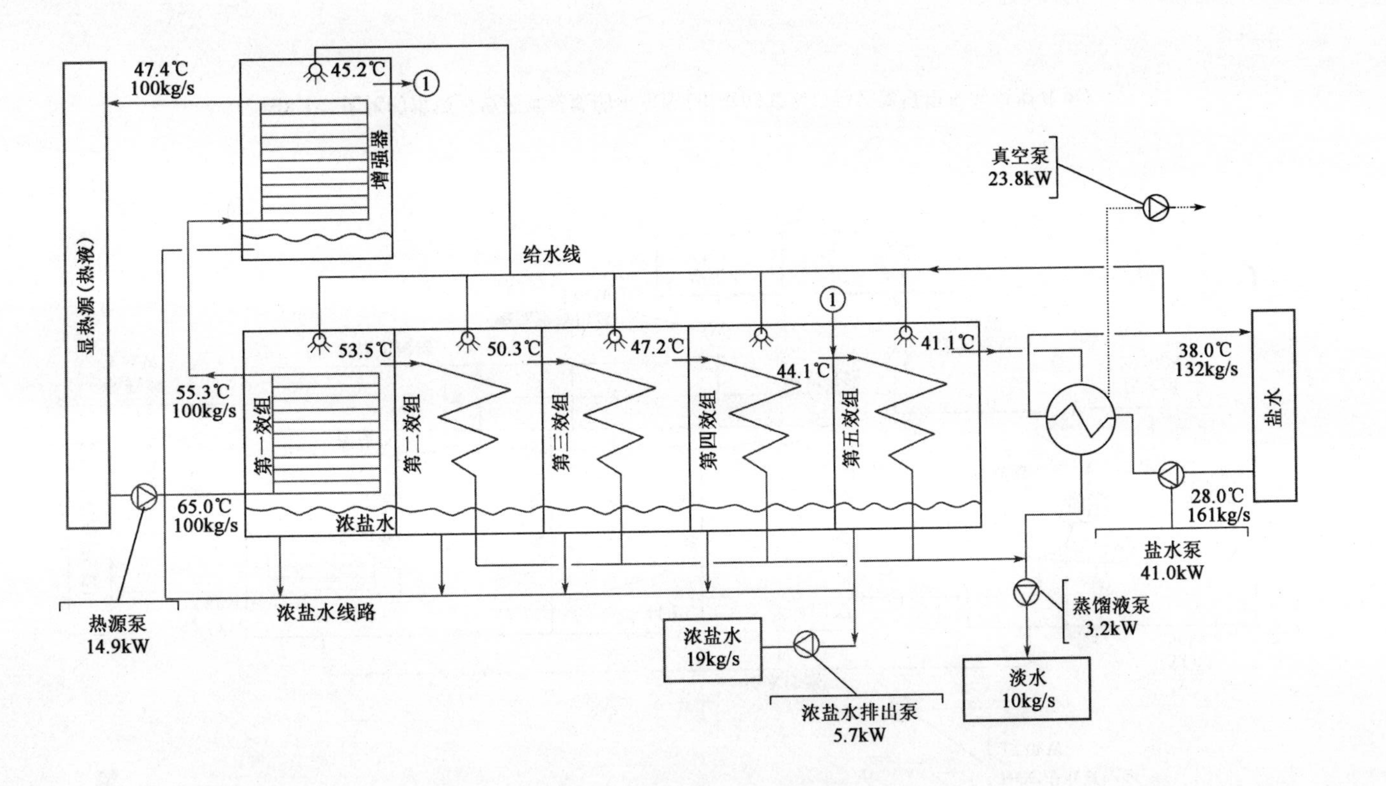

图8.2 优化的增强多效蒸馏系统的示意图(根据65℃入口热源温度模拟的典型数量)

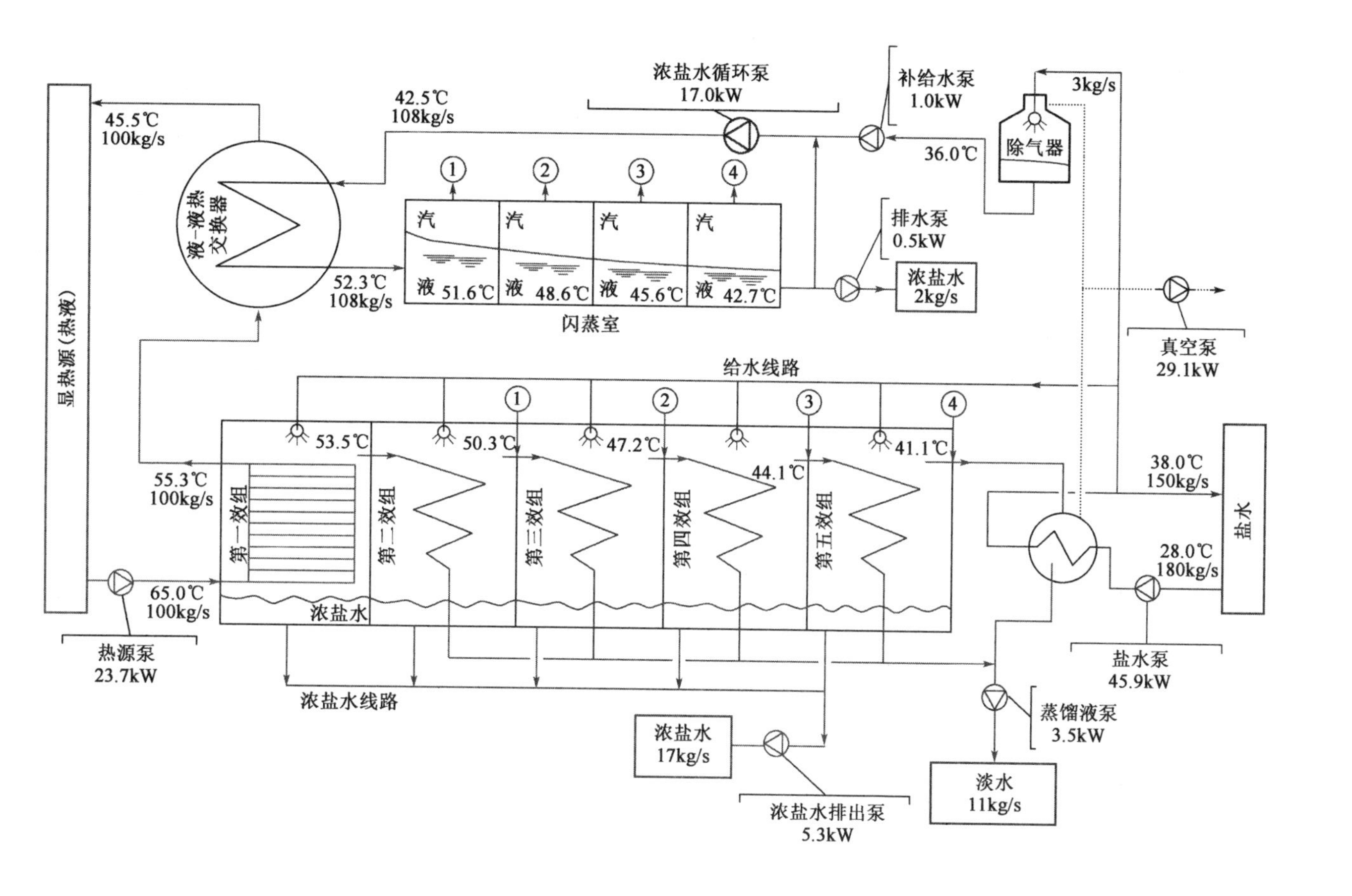

图8.3 优化的闪蒸增强多效蒸馏系统的示意图(根据65℃入口热源温度模拟的典型数量)

表 8.3 MED、B-MED 和 FB-MED 在热源温度范围内的主要流量

种类	流量/(kg/s)	热源入口温度/℃					
		65	70	75	80	85	90
MED	冷凝器入口	117.1	165.3	173.4	219.0	219.9	262.5
	冷凝器出口	93.9	132.6	129.5	163.6	151.2	180.4
	淡水	8.1	11.4	15.4	19.4	24.1	28.7
	浓盐水	15.0	21.2	28.5	36.0	44.7	53.3
B-MED	冷凝器入口	160.7	167.4	205.4	236.1	269.8	292.1
	冷凝器出口	132.4	127.6	152.9	169.6	189.4	196.7
	淡水	9.9	13.9	18.4	23.3	28.2	33.4
	浓盐水	18.4	25.9	34.1	43.2	52.3	62.0
FB-MED	冷凝器入口	179.9	213.6	241.9	267.9	297.6	327.3
	冷凝器出口	150.5	169.6	182.4	192.7	206.8	220.9
	淡水	10.8	16.2	22.0	27.7	33.5	39.2
	浓盐水	18.7	27.8	37.5	47.5	57.3	67.2

表 8.2 比较了 FB-MED 方案与优化的常规 MED 及优化的 B-MED 方案的性能。表 8.2（优化的 MED，B-MED 和 FB-MED）中三种方案的效组数一般随温度的升高而增加，从而最大限度地提高淡水产量。在相同热源入口温度下，对比这三种方案，致使各工艺淡水产量最大化的主要 MED 部分的热源温降明显不同。具体地说，FB-MED 工艺的主要 MED 部分的热源温降最小，因为可以在其闪蒸室更好地利用剩余的热源焓。其次是 B-MED 工艺，其蒸汽增强器仍可进一步处理余热。最后是优化的 MED，其第一效组中的热源温降明显最大，这是利用余热的唯一途径。如表 8.2 所示，虽然常规 MED 工艺可以在任何比热源入口温度下容纳更多效组，然而可利用的热源温降明显下调从而牺牲淡水产量[6]。因此，对于相同的热源入口温度，B-MED 和 FB-MED 工艺都可以实现比常规 MED 工艺更大的效组数。

为了便于对照，图 8.1 中的常规 MED 工艺包括了源自模拟的重要过程温度。图 8.2 中的 B-MED 工艺及图 8.3 中的 FB-MED 工艺亦然。如各图所示，在 65℃的热源入口温度下，MED、B-MED 和 FB-MED 工艺一般需要不同的效组数以使产量最大化[2,3,6~8]。如图 8.1 所示，常规 MED 过程的优化效组数（基于表 8.1 中的相关假设）为四。在图 8.2 中，由于主要 MED 部分第一效组的热源温降较低，与优化的常规 MED 工艺相比，优化的 B-MED 工艺能容纳多一个效组。这有赖于能进一步处理热源的增强器，从而比常规 MED 增产 22%[2,7]。在图 8.3 中，相同的理念适用于 FB-MED，亦即相较于常规 MED 和 B-MED 工艺，FB-MED 较高的第一效组热源出口温度允许其容纳更多效组。由此液-液热交换器可以利用热源更多的能量，因此 FB-MED 的出口热源温度分别比常规 MED 和

B-MED工艺低约7℃和2℃。被利用的能量转移到闪蒸室进料中，并逐步释放至闪蒸室中，并注入FB-MED工艺中的主要MED部分，与常规MED和B-MED相比，分别会使淡水产量增加约34%和10%。相同的方法[2,3,6~8]也适用于其他热源入口温度。

图8.4突出了FB-MED工艺相对于常规和蒸汽增强MED工艺的特征。在65~90℃的温度范围内，FB-MED工艺在淡水产量方面比B-MED工艺高10%~20%。将FB-MED和B-MED工艺的增产量与常规MED工艺进行对比，可以更好地洞察这优势。B-MED工艺的增产率在65℃热源入口温度的22%左右逐渐降低到90℃的大约16%。另外，对于FB-MED工艺，增产率从65℃的34%左右提升到75℃的约43%，然后在90℃下降到约37%。该下调源于在主要MED厂的第一效组中，最高浓盐水温度受限为70℃，迫使主要MED的效组数在热源温度高于80℃的情况下保持不变[2]。因此，一般来说，FB-MED工艺在整个热源温度范围内的淡水产量都大于优化的常规及增强MED。B-MED在较低温度范围内享有最高的热性能，而FB-MED性能随温度提升并在80℃达到最优，随后稍微降低；然而，在整个温度范围内，它仍然是最优越的技术。

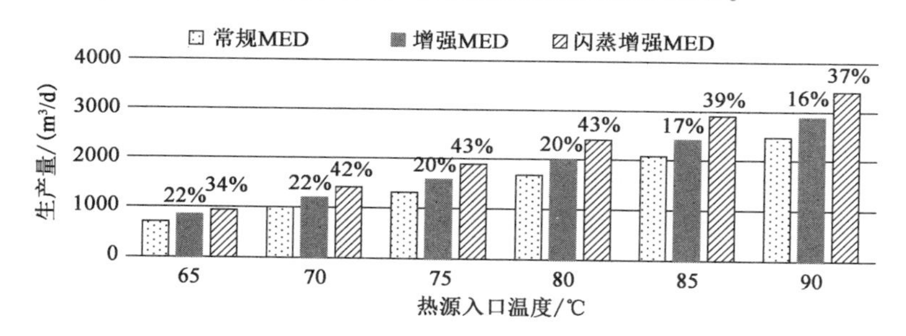

图8.4 三种工艺之间对于各种热源温度的淡水产量进行比较（增强和闪蒸增强多效蒸馏柱顶部的百分比代表了高于优化的常规多效蒸馏工艺的淡水增量）

图8.5显示了三项工艺的余热性能比（见第6章）。从该图能看出，FB-MED的余热性能比在75℃时跃升，反映了图8.4[2]中在75℃时淡水产量的提升。

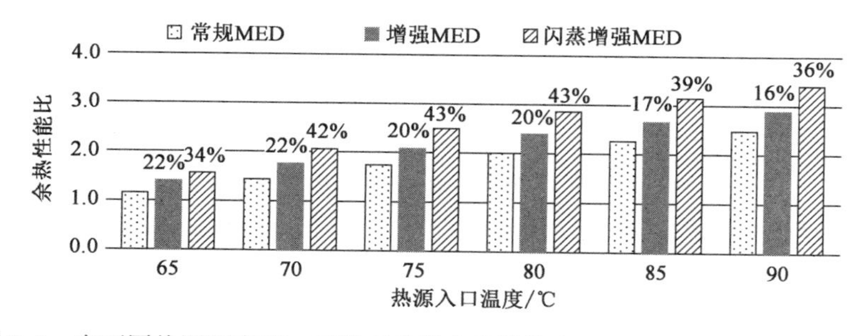

图8.5 在不同热源温度下，三种工艺的余热性能比以及相比于优化的常规多效蒸馏、增强和闪蒸增强多效蒸馏性能比的增幅

为了解不同情况中各个闪蒸室的影响（即不同热源入口温度），图 8.6 显示了与优化的常规 MED 工艺（即零数量闪蒸室）对比的产量。在每种情况下逐步添加闪蒸室，产量相应增加，但并不一定意味着闪蒸室越多效果越好。这个问题在第 8.3.4 节进一步讨论。

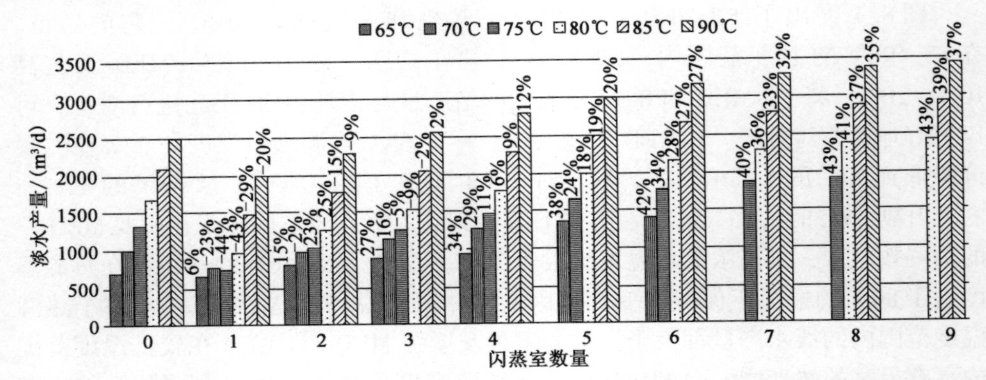

图 8.6　在不同情况下，产量（m^3/d）与闪蒸室数量的关系［0 闪蒸室数量代表了优化的常规多效蒸馏（MED）厂，其余皆是闪蒸增强 MED（FB-MED）。柱顶的百分数显示相较于优化的常规 MED（0 数量闪蒸室），FB-MED 淡水产量的增幅］

图 8.7 给出在 75℃ 热源入口温度情况下，三种工艺的热源介质温度能谱。尽管第一效组的温降大于 B-MED 和 FB-MED 工艺，常规 MED 的热源出口温度仍比 B-MED 高出 4℃ 左右，比 FB-MED 高出 9℃。在三种工艺中，由于显热传递，热源温度降低。然而对于进料而言，热传递包括显热部分（即将进料温度从 38℃ 提高到相关沸点）和潜热部分［即由于沸点升高（BPE）而在蒸气温度略低于沸点温度情况下蒸发］。增强器温度能谱与第一效组的曲线相似，这是由于它们具有相同的操作特性。然而，在 FB-MED 工艺的浓盐水加热器中，如图 8.7 所示，加热器的热源能量以 3℃ 的最小逼近温差传递到再循环的浓盐水中，并在闪蒸室内逐渐释放并注入至主要 MED 的相关效组，与常规 MED 工艺相比，产量提高了 43%。总之，与其他工艺（即常规 MED 和 B-MED）相比，FB-MED 具有较高的热源利用潜力。如图所示，在 75℃ 热源入口温度下，与 B-MED 和常规 MED 相比，FB-MED 可以分别利用 21% 和 45% 的额外热源能量。

在 75℃ 热源入口温度下，所有工艺（MED，B-MED 和 FB-MED）的热源转移趋势如图 8.8 所示。在 75℃ 热源入口温度下，由于常规 MED 第一效组中的热源温降较大（图 8.7），所以常规 MED 第一效组中的能量释放比 FB-MED 第一效组要高约 192%。相比之下，其释放的能量要比 B-MED 第一效组高约 18%。在常规 MED 工艺中，效组间释放的能量逐级减少。B-MED 亦然，接受蒸汽注入的第五效组除外。对于 FB-MED，该减势持续到第二效组（亦即在蒸汽注入之前），并且从第三效组开始，由于蒸汽注入导致能量增加，该增势会持续到过程结束。

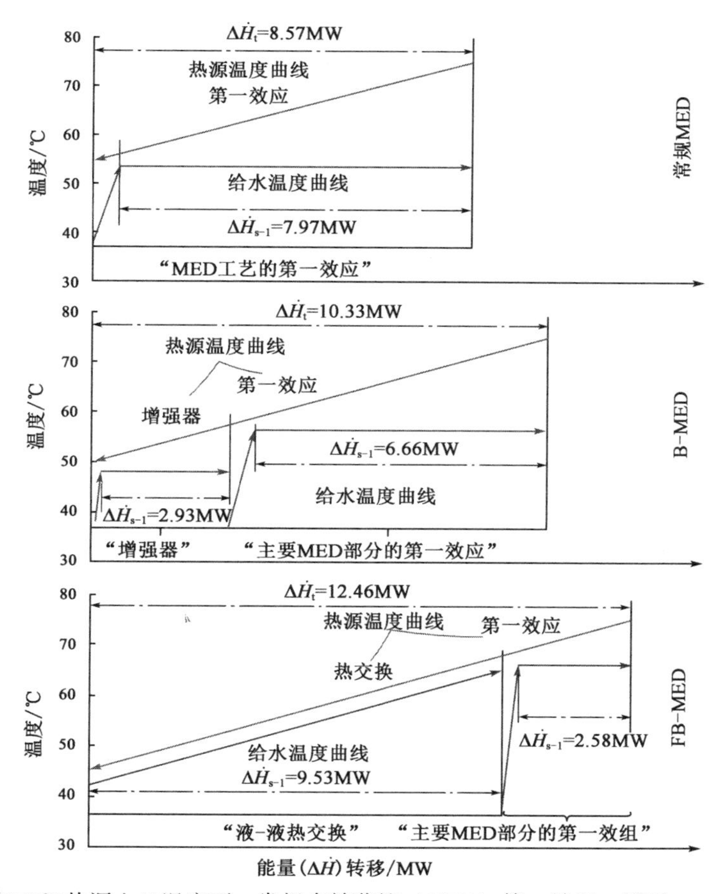

图 8.7 在 75℃热源入口温度下，常规多效蒸馏（MED）第一效组、增强 MED 第一效组及其增强器、闪蒸增强 MED 第一效组及其液-液热交换器的温度曲线

如图 8.8 所示，FB-MED 工艺的主要 MED 部分释放的总能量大于常规 MED 工艺，如前所述，此额外能量通过闪蒸室实现，后者通过利用液-液热交换器有效地从热源提取更多的能量（图 8.8 中 FB-MED 所示的第一柱）。B-MED 亦然，然而，来自增强器部分的能量比 FB-MED 中液-液热交换器释放的能量低 3.1 倍，因此其产能增幅低于 FB-MED。

图 8.9 显示了 75℃热源入口温度下所有工艺的 UA 值分布。对于 FB-MED 的液-液热交换器，传热量约为 9.53MW（图 8.7）；加上热交换器两侧的最小逼近温差为 3℃（表 8.1），需要 3.18MW/℃的 UA 值。由于所有工艺（常规 MED，B-MED 和 FB-MED）的第一效组与冷凝器中的主要传热属于显-潜传热，而非其他效组中的潜-潜传热，导致相对于第一效组、增强器、冷凝器，该效组的 UA 值明显较高。

参考第 5 章，所有工艺的泵功耗和单位泵功耗分别如图 8.10（见彩图）和图 8.11 所示。这表明 FB-MED 工艺具有最高的辅助功耗，主要与板式液-液热交

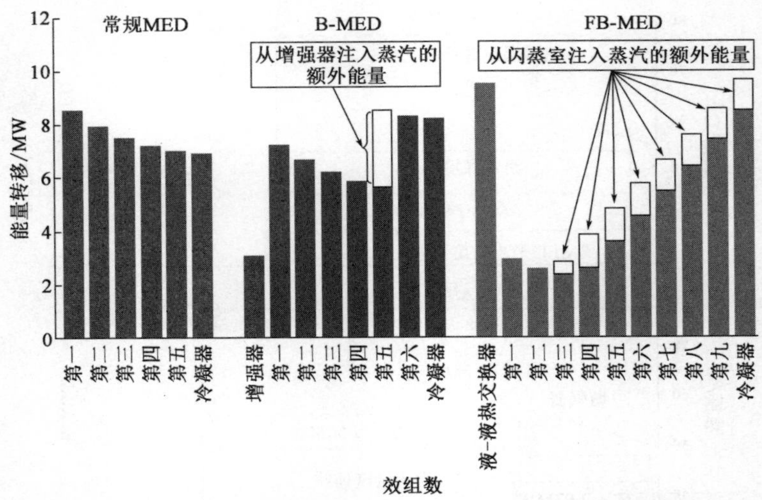

图 8.8 在 75℃热源入口温度下所有工艺的每个效组的能量释放情况

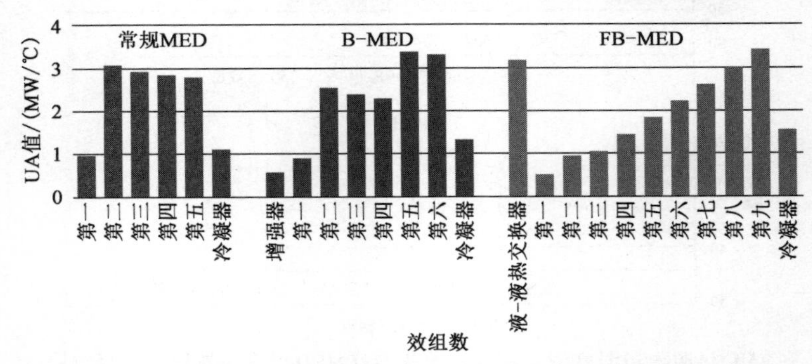

图 8.9 在 75℃热源入口温度下三个工艺的每个效组的 UA 值

换器（浓盐水再循环和热源介质泵）所需的泵功耗有关。如前所述，每种情况下板式换热器的数量根据所需 NTU 计算；然后串联这些板式换热器以维持所需温降。每个板式换热器的最大 NTU 为 5.0[5]。

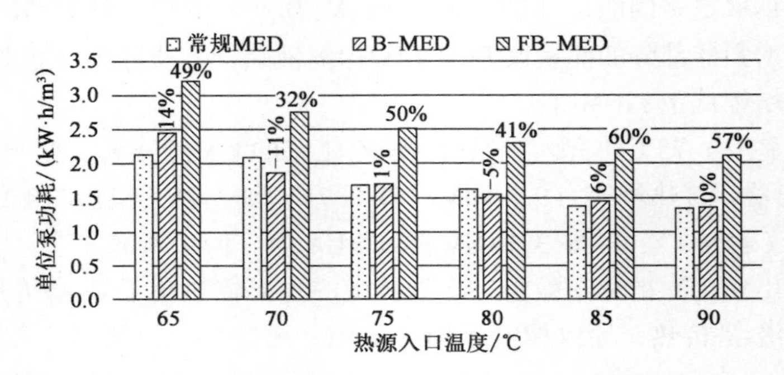

图 8.11 优化的常规多效蒸馏（MED）、增强 MED 和闪蒸增强 MED 工艺的单位泵功耗（kW·h/m³）与热源入口温度（℃）的关系（在每个热源温度下柱顶的数值是与常规 MED 相较下的增幅）

如图8.10所示，FB-MED的泵功耗大约是常规MED的两倍。然而，由于与常规MED相比，FB-MED的产量较高，单位泵功耗增幅减小到30%~60%之间（图8.11）。相比之下，B-MED的泵功耗增幅介于10%~40%的合理范围内，导致单位泵功耗显著降低至-11%~14%之间（图8.11）。

泵功耗的影响体现在运营成本上，这将在经济分析中讨论。

8.3 热经济分析

从王（Wang）等[3]和拉希米（Rahimi）等[2,9]的工作出发，使用第7章所述的方法优化常规MED、B-MED和FB-MED的产量。评估FB-MED工艺可否产生比常规MED或B-MED工艺更大的经济效益。表8.4列出所有重要假设。

表8.4 经济分析假设[9]

工厂利用率 f/%	95
工厂使用年限 y/年	30
利率 i/%	8
资本回收率CRF	0.089
使用寿命结束时的工厂残值/%	0
税率（应纳所得税的百分比）/%	30
贷款所占资本成本百分比/%	50
杂项费用（资本成本百分比）/%	2
市场水价WMP/(澳元/m^3)	2.72[10]
收入与运营成本的年通货膨胀率/%	3

按照上一节所述，对MED、B-MED和FB-MED工厂设计的年度现金流进行现金流量分析。每项设计方案可通过热源流体温度、主要MED效组数量及闪蒸室数量来表征（仅适用于FB-MED）。

8.3.1 资本成本

FB-MED和B-MED厂的资本成本大于MED厂。然而，由于与常规MED相比，这些工艺的产量较高，其单位资本成本要低于常规MED（图8.12）。

如图8.12所示，在所有情况下，B-MED和FB-MED的单位资本成本要比MED分别低1%和3%。

8.3.2 运营成本

运营成本包括电力、劳动力、化学添加剂、维护、备件和保险（见第7章）。结果表明年运营成本随热源温度的升高而增加，相比于MED，B-MED及FB-MED的运营成本较高。运营成本的普遍上涨可归因于泵功耗等几个因素，并与 FB-MED 及 B-MED 的产能提高有关。

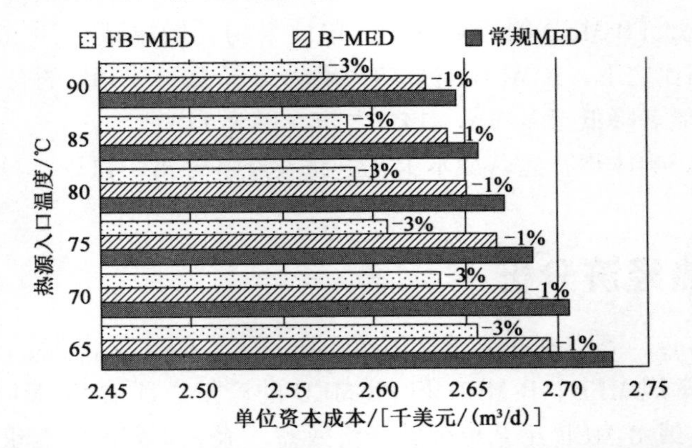

图 8.12 在每个热源温度下，优化多效蒸馏（MED）、增强 MED 和闪蒸增强 MED 工厂的单位资本成本（在每个热源温度下柱顶的数值是与常规 MED 相较下的增幅）

如图 8.13（见彩图）所示，电费是 FB-MED 运营中的最大支出。FB-MED 用更多的泵来处理流量，从而提高工艺的热效率（通过比较图 8.1～图 8.3 可以看出）。从图 8.3 能看出补给水、浓盐水循环及排水泵对 FB-MED 造成额外的泵功耗。此外，MED 工艺中固有的泵在 FB-MED 中有更大的功耗。由于额外的热交换器（图 8.3）导致更大的压差，因此热源泵的功耗加大。由于产量的增加，浓盐水、淡水、NCG（不凝气体）抽取及盐水泵的功耗也相应增加，从而导致更大的电功耗。

尽管运营成本总体上升，但 B-MED 和 FB-MED 的单位运营成本与 MED 相当，如图 8.14 所示。这是由于与常规 MED 相比，B-MED 和 FB-MED 的产量更高。如图 8.14 所示，B-MED 在所有情况下都具有较低的运营成本；相比之下，FB-MED 的运营成本比常规 MED 高 1%～15%。

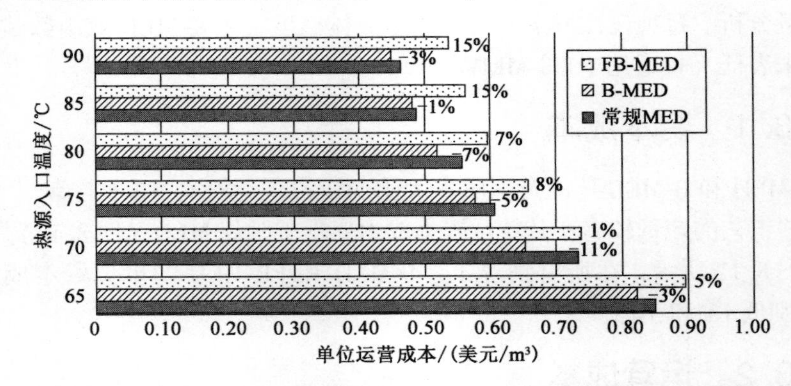

图 8.14 在每个热源温度下，优化的常规 MED、增强 MED 和闪蒸增强 MED 厂的单位年运营成本（在每个热源温度下柱顶的数值是与常规 MED 相较下的增幅）

8.3.3 单位成本

图8.15阐述了相较于常规MED，B-MED和FB-MED的单位成本（UPC）趋势。在工厂寿命期间求取UPC的方法是基于净现值（NPV）分析。在该方法中，考虑到包括运营、折旧、还本付息、赋税等在内的所有成本，UPC相等于水市场价格（见第7.4.4节），使整个工厂寿命中的NPV为零。

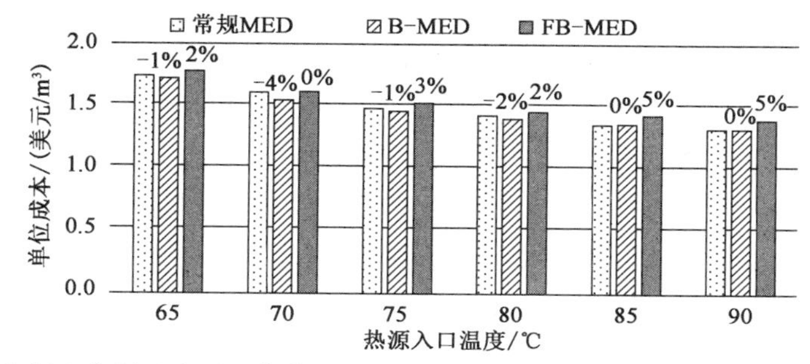

图8.15 在每个热源温度下，优化MED、增强MED和闪蒸增强MED工艺的单位成本（在每个热源温度下柱顶的数值是与常规MED相较下的增幅）

如图8.15所示，B-MED和FB-MED工艺的UPC是可比的，大约在常规MED工艺的±5%的范围内。

8.3.4 现金流量分析

如第7章所述，在所有情况及一系列假定利率（贴现率）的情况下，计算所有工艺的净现值。图8.16显示了在80℃热源入口温度下所有工艺的净现值随利率变化的趋势。结果表明，在利率低于17.4%时，FB-MED是最好的选项，在利率介于17.4%~19.7%之间时，B-MED则是最佳选项，当利率超过19.7%，没有一项工艺可盈利。

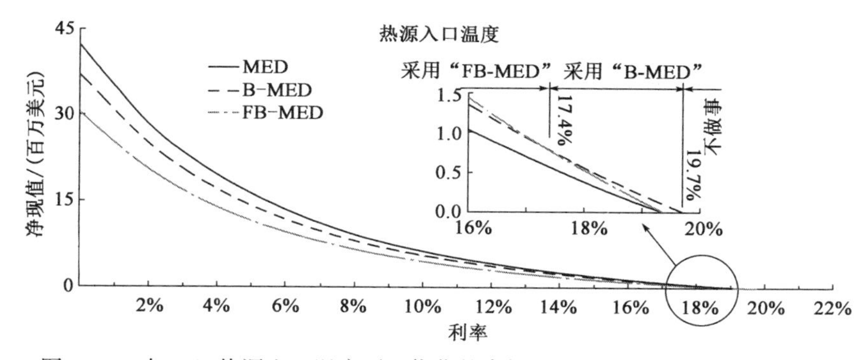

图8.16 在80℃热源入口温度下，优化的常规MED、增强MED和闪蒸增强MED厂净现值（NPV）与利率的关系

表8.5列出了在不同情况下的最佳选项。根据假设条件（见表8.1），因为利率是8%（见表8.4），FB-MED在所有情况下是最佳选项。

表 8.5 在所有情况及利率范围内的最佳选项

进口热源温度/℃	最合适的利率范围
65	0% FB-MED 9.1% B-MED 16.4% 无
70	0% FB-MED 13.7% B-MED 18.2% 无
75	0% FB-MED 16.5% B-MED 19% 无
80	0% FB-MED 17.4% B-MED 19.7% 无
85	0% FB-MED 17.5% B-MED 20.0% MED 20.2% 无
90	0% FB-MED 17.1% B-MED 20.5% 无

如表 8.5 所示，对于 85℃入口热源温度，FB-MED 和 B-MED 之间的 ΔIRR 为 17.5%，这意味着对于任何低于该值的利率，FB-MED 具有最高 NPV，乃是最佳选项。当利率高于 20.0%时，MED 的净现值大于 B-MED，因此当利率介于 17.5%~20.0%之间时，B-MED 乃是最佳选项。

图 8.17 显示了 FB-MED 工艺中各个闪蒸室的影响。在该图中，零闪蒸室代表了优化的常规 MED。如图所示，通过添加闪蒸室，在每个情况下能增加 NPV，唯独最后两个闪蒸室（8 和 9）除外，因其 NPV 大致相等。表 8.6 显示了基于图 8.17 的闪蒸室的优化数量。

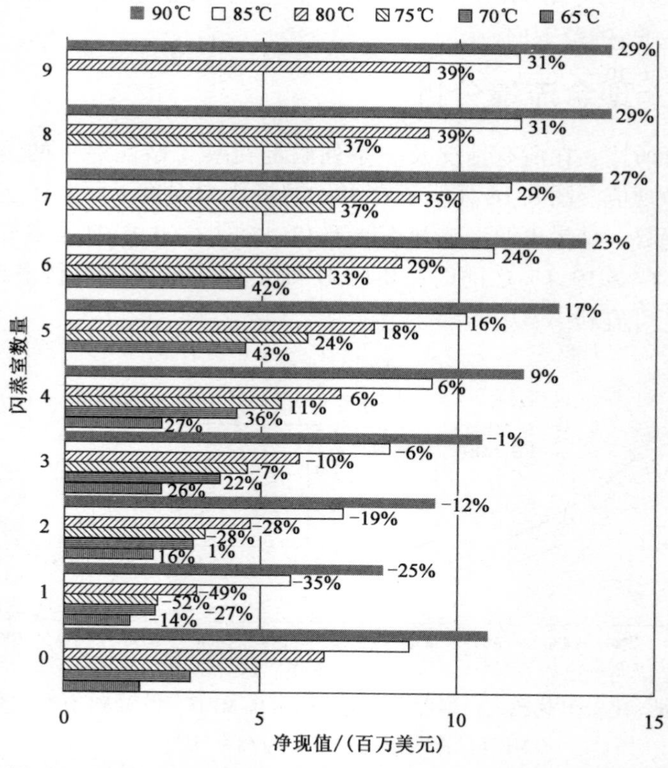

图 8.17 不同热源温度下 NPV 与闪蒸室数量之间的关系［0 闪蒸室代表优化的常规 MED 厂，其他均为 FB-MED 工艺（在每个热源温度下柱顶的数值是与常规 MED 相较下的增幅）］

表 8.6 在不同情况下闪蒸增强多效蒸馏效组及闪蒸室的优化数量

热源入口温度/℃	效组数	闪蒸室数量
65	5	4
70	7	5
75	9	7
80	10	9
85	10	8
90	10	9

图 8.18 对比所有 MED，B-MED 和 FB-MED 厂的最优设计，并指出根据现有水市场价格（即每立方米 2.50 美元，相当于每立方米 2.72 澳元[10]）。后两种工艺相较于 MED 的 NPV 增幅如图所示，FB-MED 工艺享有相当大的 NPV，比 MED 高出43%。同样地，B-MED 的 NPV 可以比常规 MED 高出 32%。本书强调，一般而言，UPC 无法说明两种方案之间的盈利能力[9]。参考图 8.15 和图 8.18，在 65℃的热源入口温度下，FB-MED 享有最高的 NPV 和 UPC。

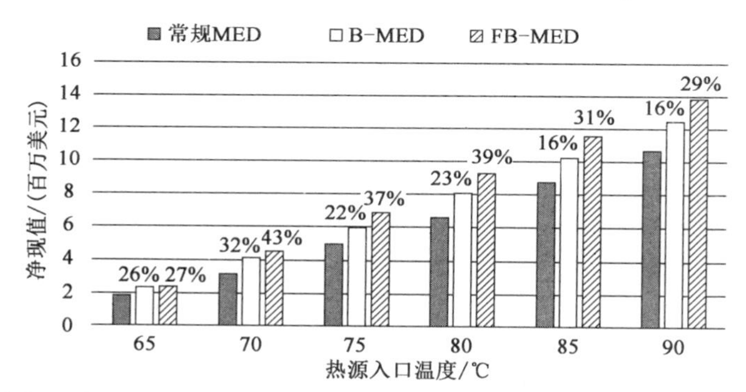

图 8.18 在每一个热源温度下，优化的 MED、增强 MED 和闪蒸增强 MED 厂的净现值（在每个热源温度下柱顶的数值是与常规 MED 相较下的增幅）

8.4 结论

本书模拟了常规 MED、B-MED 和 FB-MED 三种海水淡化工艺。FB-MED 在大范围低温显热源温度下显示出最高的产量与性能比。本书详细描述了估计常规 MED、B-MED 和 FB-MED 成本的一般方法，也分析了多种情况。本书也解释了各个方案的盈利能力，从而可以根据闪蒸室的数量以评估 FB-MED 的经济效益。结果表明，B-MED 和 FB-MED 工艺所带来的增产及热效率提升显著大于该工艺所需的资本与运营成本。优化的 B-MED 及 FB-MED 工艺相较于优化的常规 MED，其 NPV 增幅分别最高可达 32%和 43%，这视热源温度而定。此外，NPV 比 UPC 具有更好的衡量盈利的能力，因为前者能分辨多种投资方案。

参考文献

[1] A. Christ, K. Regenauer-Lieb, H. T. Chua, Boosted Multi-Effect Distillation for sensible low-grade heat sources: a comparison with feed pre-heating Multi-Effect Distillation, Desalination 366 (2015) 32-46.

[2] B. Rahimi, A. Christ, K. Regenauer-Lieb, H. T. Chua, A novel process for low grade heat driven desalination, Desalination 351 (October 2014) 202-212.

[3] X. Wang, A. Christ, K. Regenauer-Lieb, K. Hooman, H. T. Chua, Low grade heat driven multi-effect distillation technology, Int. J. Heat Mass Transfer 54 (25-26) (December 2011) 5497-5503.

[4] A. Christ, K. Regenauer-Lieb, H. T. Chua, Application of the Boosted MED process for low-grade heat sources—a pilot plant, Desalination 366 (2015) 47-58.

[5] C. Haslego, G. Polley, Compact heat exchangers—Part 1: Designing plate-and-frame heat exchangers, Chem. Eng. Prog. 98 (9) (2002) 32-37.

[6] A. Christ, K. Regenauer-Lieb, H. T. Chua, Thermodynamic optimisation of multi-effect-distillation driven by sensible heat sources, Desalination 336 (2014) 160-167.

[7] B. Rahimi, H. T. Chua, A. Christ, System and Method for Desalination, World Intellectual Property Organization, 2015. WO 2015/154142 A1.

[8] H. T. Chua, K. Regenauer-Lieb, X. Wang, A Desalination Plant, World Intellectual Property Organization, 2012. WO 2012/003525 A1.

[9] B. Rahimi, J. May, A. Christ, K. Regenauer-Lieb, H. T. Chua, Thermo-economic analysis of two novel low grade sensible heat driven desalination processes, Desalination 365 (2015) 316-328.

[10] Australian Bureau of Statistics (ABS), Western Australia. State Fact Sheet 2013, cited 8 May 2014, 2014 [Online]. Available: http://www.abs.gov.au/AUSSTATS/.

第9章　新型低温热驱动蒸馏在氧化铝精炼厂中的应用

9.1　简介

氧化铝是铝的前体，占地球质量的8%[1]，通常以铝矾土的形式存在。铝是最丰富的金属，是世界第二大生产金属，仅次于钢铁[2,3]。铝矾土是生产氧化铝的基本原料。它含有约30%氢氧化铝形式的氧化铝，澳大利亚是世界领先的生产商。2012年，澳大利亚从五个铝矾土矿生产了7940万吨铝矾土，比中国高出了65%，是第二大铝矾土生产国[4]。

氧化铝是通过拜耳工艺生产的，该工艺由卡尔·约瑟夫·拜耳（Karl Joseph Bayer）[1]在1887年发明并获得专利，在过去一个世纪，该工艺并没有太大的变化[5]。2012年中国氧化铝产量达到2030万吨，是世界最大的氧化铝生产国[4]。在拜耳工艺中，使用热苛性钠至关重要，因为它溶解氧化铝，使溶液与未溶解的废物分离，以进一步处理。在此过程中，将粉碎的铝矾土在浓缩苛性钠碱溶液中进行高温消解，然后将液体澄清并过滤，以去除泥浆和其他不溶性残留物。澄清的液体被冷却并用固体氢氧化铝接种以沉淀氧化铝。之后废液通过蒸发过程浓缩并再循环用于铝矾土消解[5~7]，这是氧化铝精炼厂中拜耳法的重要环节，既用于产生残留物洗涤过程中的水，又使废液再浓缩以用于铝矾土消解过程。

蒸发过程消耗大量的热能。蒸发部分还负责控制整个工厂的水量平衡。因此，其作用可以归结为平衡水和排放杂质。其主要热源是可用的低压蒸汽，与工厂的其他部分相比，它是最耗能的过程，约占每吨氧化铝能耗的25%~30%[8]。氧化铝精炼厂是天然气、煤炭和其他相关燃料的大用户。例如在2012年澳大利亚，氧化铝精炼厂消耗了221PJ的能源[4]。改良蒸发部分能减少蒸汽消耗，从而节省锅炉的燃料消耗，这将大大减少温室气体排放和生产成本。2012年，澳大利亚每吨氧化铝生产的二氧化碳等值排放量为0.7t[4]。

9.2　蒸发工艺

蒸发器的设计纯粹是基于其对于处理过程溶液适用性的考虑，该液体黏稠且容易结垢。因此，可以使用管降膜和闪蒸容器技术（蒸发器）。最近，板式降

图 9.1 两个串联的阿法拉伐单效升膜板式蒸发器模块（JWP-16-C 系列）[11]

膜蒸发器也被山西省贵州铝业公司[9,10]使用，以提高蒸发部分的低浓度进料的蒸发效率。值得一提的是，我们正与沃斯利（Worsley）氧化铝精炼厂合作测试配有两台串联阿法拉伐的单效升膜板式蒸发器/冷凝器模块[11]的先进样机（见第 3 章），以研究并解决其与废过程溶液（图 9.1）耦合时潜在的结垢问题。

图 9.2 和图 9.3 展示了闪蒸与蒸发两种技术。如图 9.2 所示，可以使用结合热交换器及闪蒸室的多级闪蒸工艺（MSF）。在该工艺中，首先通过一系列热交换器（预热器）将进料液预热，然后将其引入一系列的闪蒸室。来自闪蒸室的蒸汽在预热器中冷凝，而最后出口的浓缩进料是蒸发部分的最终产物。该工艺中的第一个热交换器（在 MSF 脱盐厂中称为浓盐水加热器）使用可用的低中压蒸汽作为其热源。

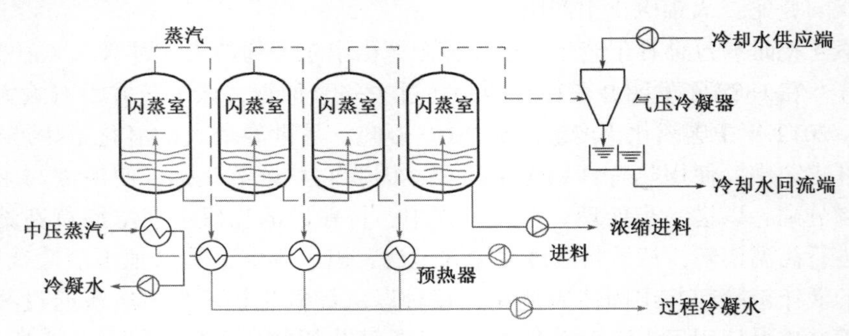

图 9.2 氧化铝精炼厂中多级闪蒸装置的原理设计图

具有更高热性能的降膜蒸发器[12]能代替闪蒸室。然而，与 MSF 工艺相比，在较高温度下它更易于结垢，并且需要定期在线清洁。在这种技术（图 9.3）中，进料液从顶部分布到蒸发器上。重力沿着蒸发器管的内壁拉下薄膜，使得快速移动和变薄的膜产生高传热系数[13]。在热交换器的底部收集浓缩进料。来自第一效组的蒸汽可作为第二效组的热源，这种方式持续到最终的冷凝器，构成多效蒸发（MEE）工艺。无论蒸发器类型是什么，MEE 工艺始终是降低能耗的首选。

本章的目的是介绍两种新型工艺（见第 9.3 节和第 9.4 节）。第一种是可以在氧化铝精炼厂中与余热源耦合的新工艺，以减少主要蒸发单元的蒸汽消耗[14]。这减少了燃料消耗、温室气体排放和生产成本（第 9.3 节）。第二种（第 9.4 节）是可以最终与常规 MSF 最后一个闪蒸室所产生的蒸汽耦合的工艺（该蒸汽一般被注入气压冷凝器并与冷却水混合）[15]。通过利用氧化铝精炼厂蒸发单元中的可用余热，能显著降低中低压蒸汽的消耗（该蒸汽是蒸发过程的主要热源）。

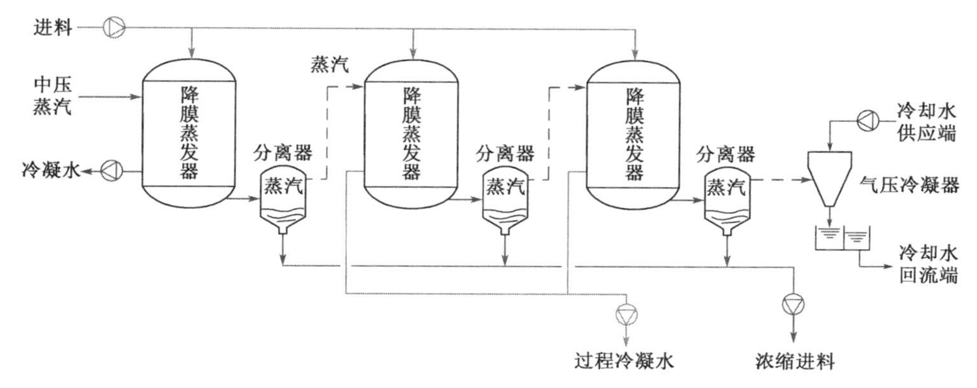

图 9.3 氧化铝精炼厂多效蒸发装置的原理设计图

需要说明，本书的创新性在于工艺设计而不是工艺单元本身；后者只是常规技术。使用常规工艺单元有助于精炼厂中的放大应用。为了说明问题，我们利用了沃斯利氧化铝精炼厂的蒸发单元中的可用余热。例如，在第一种新型工艺（第9.3节）中，该余热是主要蒸发单元的出口过程冷凝水（图9.2）。这种技术可以收集所有可用的显热流以驱动辅助蒸发单元，以便减少主要蒸发单元的载荷，进而节省沃斯利氧化铝精炼厂的蒸汽及煤的消耗。第二种新型工艺是利用从最后一个闪蒸室出口的低温蒸汽（图9.2）驱动热蒸汽压缩多效蒸馏（TVC-MEE）工艺（第9.4节）。

9.3 用于氧化铝精炼厂的新型闪蒸增强多效蒸发工艺

与常规 MEE 工艺相比，闪蒸增强 MEE（FB-MEE）工艺与低温余热耦合，以提高淡水产量。在矿物精炼应用中，该工艺相当于闪蒸增强多效蒸馏（FB-MED）工艺。

9.3.1 工艺描述

图9.4显示了与蒸发单元出口过程冷凝水耦合的 FB-MEE 工艺（图9.2），可用温度约85℃，也模拟了75℃以考虑最低可用温度。

如图9.4所示，过程冷凝水（入口显热源）首先驱动主要 MEE 部分，然后加热供应闪蒸室的进料。每个闪蒸室产生蒸汽，根据相关压差导入相应的主要 MEE 效组，从而提供更多的热量并增加各 MEE 效组中的进料蒸发量。该蒸汽注入方案能提升主要 MEE 效组中淡水及浓缩进料的产量。降膜蒸发效组的数量可以根据热源与冷却水之间的温差以及相关边界条件来设定[16,17]。

图9.5显示了作为基准的与85℃低温热源耦合的常规 MEE 工艺原理图。与常规 MEE 工艺相比，FB-MEE 工艺的更大热源温降意味着更多的余热被有效利用以提高产量。

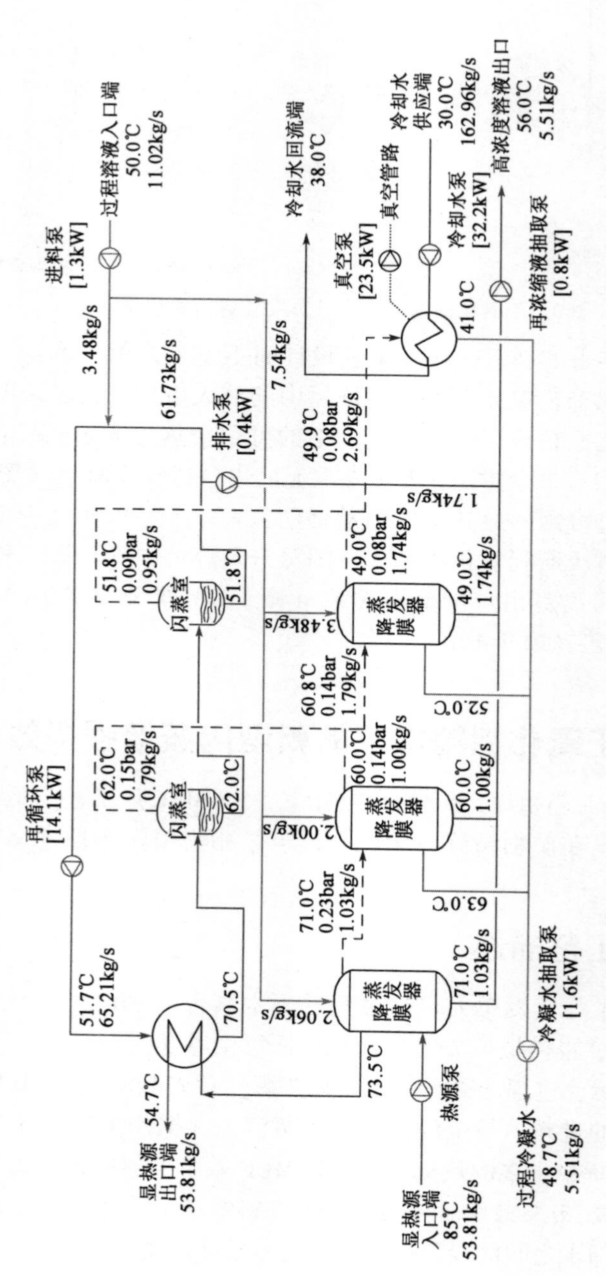

图9.4 与85℃低温热源耦合的闪蒸增强多效蒸发装置(平行进料，三个降膜效组和两个闪蒸室)的示意图

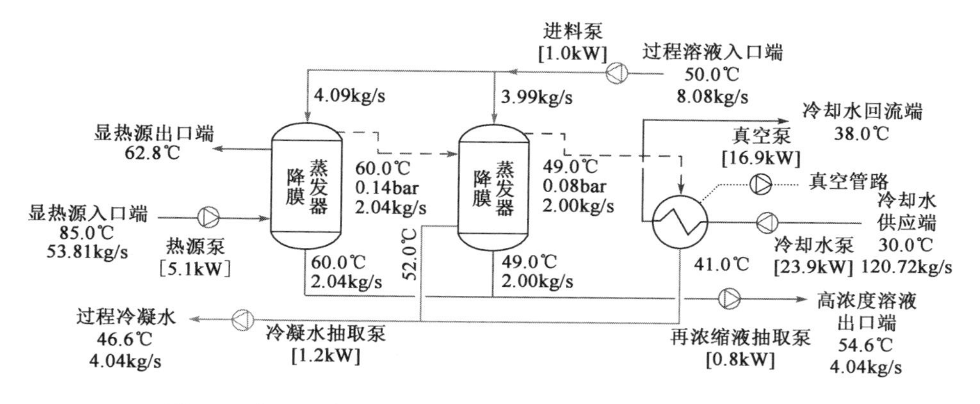

图 9.5 与85℃低温热源耦合的常规多效蒸发工艺原理设计图

9.3.2 数值分析与验证

本章介绍一个模型以量化 FB-MEE 过程的效率[16,18]。数学模型包括每个效组的质量、浓度和能量平衡。质量和浓度平衡写为 $k\in\{1,\ \cdots,\ n\}$：

$$\dot{m}_{F,k} = \dot{m}_{V,k} + \dot{m}_{HC,k} \tag{9.1}$$

$$\dot{m}_{F,k}X_F = \dot{m}_{HC,k}X_{HC} \tag{9.2}$$

第一效组的能量平衡可写成：

$$\begin{aligned}\dot{Q}_1 &= \dot{m}_{F,1}h_{f_{F,1}} + \dot{m}_{HS}\, h_{f_{HS,in}} \\ &= \dot{m}_{HS}\, h_{f_{HS,out}} + \dot{m}_{V,1}h_{g(T_{HC,1},p_{sat,1})} + \dot{m}_{HC,1}h_{f_{HC,1}}\end{aligned} \tag{9.3}$$

式中，$\dot{Q}$ 为总热传递，kW；$\dot{m}_F$，$\dot{m}_{HS}$，$\dot{m}_V$ 和 $\dot{m}_{HC}$ 为进料，热源，产生的蒸汽和再浓缩进料质量流量，kg/s；h_f，h_g 为饱和液体，蒸汽的焓，kJ/kg。

图 9.6 和图 9.7 说明在 85℃热源入口温度下，常规 MEE 和 FB-MEE 工艺第一至最后效组及冷凝器的温度能谱。所考虑的工艺条件符合表 9.1 中列出的假设。在第一效组中，蒸发器的热源温度下降，而进料液温度首先根据其在当前压力（p_{sat}）下的浓度从入口温度升高到相关沸腾温度（T_{HC}）（预热区），然后因为持续的浓缩导致沸点的升高（BPE）（蒸发区），所以其温度在蒸发过程中进一步增加。由于预热和蒸发区之间的类型不同，因而有两个不同的 UA 值。由于预热区占总能量传递小于 4%（图 9.6 和图 9.7），其 U [传热系数（$kW/m^2\cdot K$）] 值可以忽略不计。因此，第一效组的总体 U 值可近似为蒸发区的传热系数。

对于其余效组，$k\in\{2,\ \cdots,\ n\}$，其中 n 是效组的总数，其能量平衡可写为：

$$\begin{aligned}\dot{Q}_k &= \dot{m}_{V,k-1}h_{g(T_{HC,k-1},p_{sat,k-1})} + \dot{m}_{F,k}h_{f_{F,k}} \\ &= \dot{m}_{V,k-1}h_{f_D(T_{sat,k-1})} + \dot{m}_{V,k}\, h_{g(T_{HC,k},p_{sat,k})} + \dot{m}_{HC,k}h_{f_{HC,k}}\end{aligned} \tag{9.4}$$

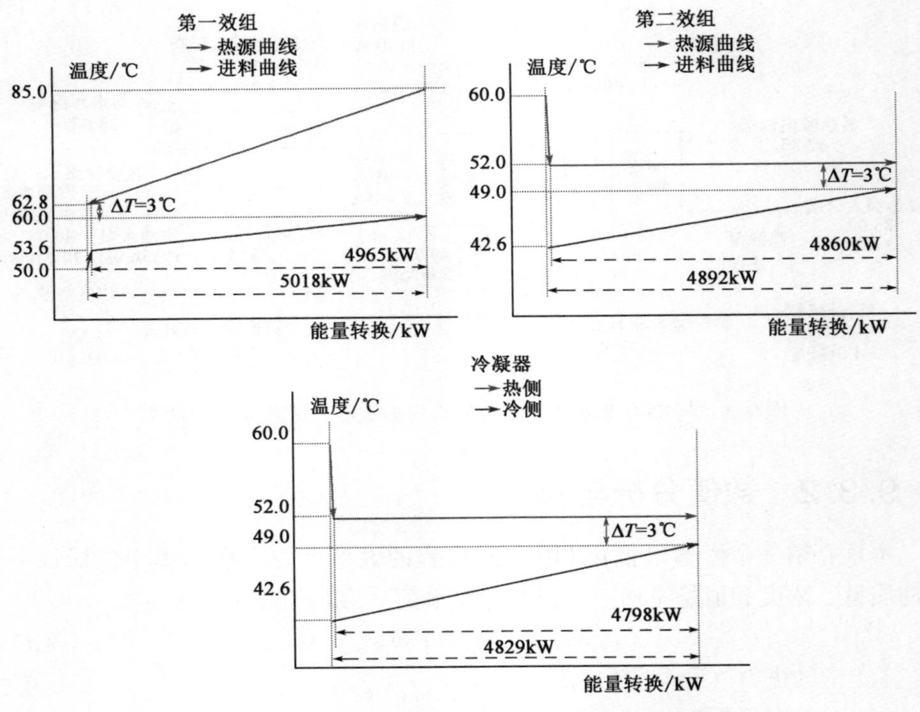

图 9.6 85℃下常规多效蒸发工艺的温度能谱

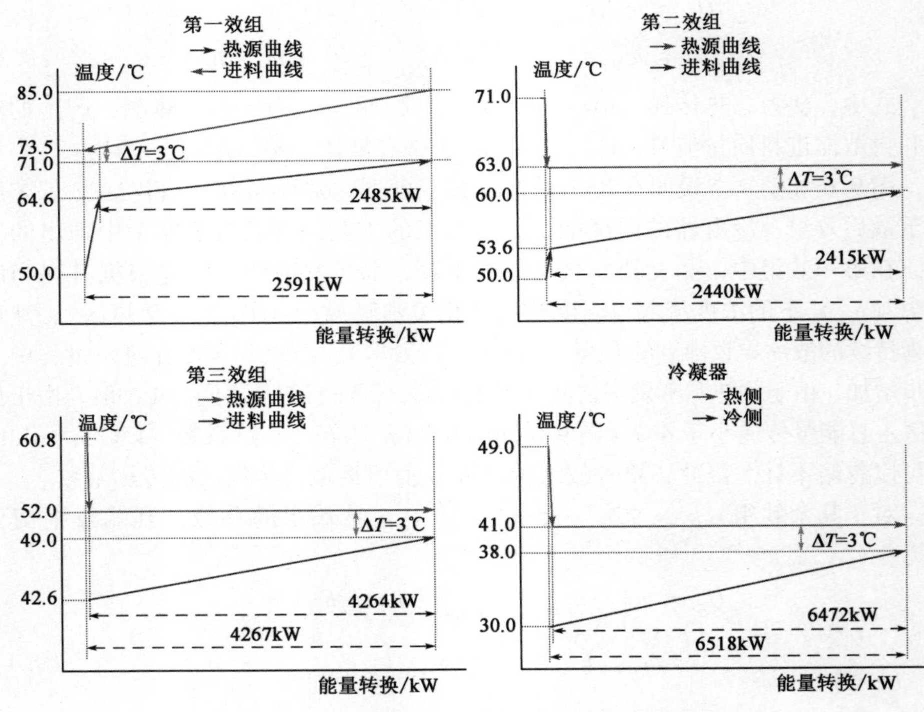

图 9.7 85℃下闪蒸增强多效蒸发工艺的温度能谱

式中，h_{f_D}是在饱和温度下蒸馏液的焓，kJ/kg。因为这些效组的热源是上一效组的过热蒸汽，过热蒸汽减温到上一效组的相关饱和温度，然后冷凝。相比之下，如果进料的饱和压力低于效组的压力，诚如图9.7所示的FB-MEE工艺的第二效组，其进料温度趋势与第一效组相同。因此，在这种情况下，进料温度首先升高到沸点。由于浓度变化及其相关BPE，其温度在蒸发过程中进一步增加。为便于计算，这些效组的总体U值可近似为蒸发区的U值。

表9.1 热力学模拟的假设

热源流量，$\dot{m}_{HS,1}/(m^3/h)$	200
热源温度范围/℃	75，85
进料蒸汽比（50%蒸发）	2.0
$T_{C,in}/T_{C,out}$	30/38
Δp_{inj}①/Pa	1000
液-液热交换器最小逼近温差/℃	3.0

① 闪蒸增效多效蒸发工艺中蒸汽注入的相关压差。

有时，进料饱和压力高于效组的压力，如常规MEE的第二效组及FB-MEE工艺的第三效组。在这种情况下，在进料分配到管中之前，当压力和温度降低时，极小量的进料（小于1%，相当于约7℃的显热）会被闪蒸。对于这些效组，其入口进料温度可等于与第二效组压力对应的相关沸腾温度（与其浓度相关），在图9.6和图9.7中该温度等于42.6℃。进料降温之后，一旦分配到管中，就会蒸发。如图9.6和图9.7所示，对于这些效组，降温所需的能量可忽略不计。

对于这两个工艺的第二和第三效组，减温所需的面积对蒸发器的资本成本有显著的影响，详述见9.3.5。在这种情况下，由于过热度小于10℃，因此不能使用减热器，必须考虑额外的热交换面积[19]。

在FB-MEE工艺中，求取混合过热蒸汽的温度时，必须考虑从闪蒸室注入的蒸汽与相关上游MEE效组的过热蒸汽混合所造成的影响。

对于冷凝器：

$$\dot{Q}_{cond} = \dot{m}_{V,n}h_{g(T_{HC,n},p_{sat,n})} + \dot{m}_{cond}h_{f_{cond,in}} = \dot{m}_{V,n}h_{f_{D(T_{sat,n})}} + \dot{m}_{cond}h_{f_{cond,out}} \quad (9.5)$$

式中，$\dot{m}_{cond}$为冷却水质量流量，kg/s。其次，图9.6和图9.7给出了冷凝器的冷却水温升，但是过热蒸汽温度曲线与其他效组相同，所以减热区可忽略不计。总体传热系数可近似为潜-显传热区的传热系数。需强调的是，减热仍需要额外的换热面积。

在所有先前的方程中：

$$T_{sat} = T_{HC} - BPE \quad (9.6)$$

BPE是基于现场情况每个效组中浓缩过程溶液出口的沸点升高。T_{sat}和T_{HC}分别是浓缩液的饱和温度和沸点温度（℃）。BPE通常取决于浓缩溶液的温度和浓度。在这种情况下，由于降膜管蒸发器的内部蒸汽体积较大，以及绝大部分的蒸发出现在显热热源与进料有较大温差的蒸发器尾部，整个管内的温度（即蒸汽的温度）可近似为出口浓缩液温度。因此，两个工艺第一效组夹点处热源温度与出口再浓缩液沸点的差值保守假设为3℃。对于其他效组，出口再浓缩液沸点和热源冷凝温度差亦为3℃。这已经考虑到再浓缩液有8℃BPE，相当于20% NaOH 的 BPE[20~24]。BPE 限定了过热程度，即当前情况下的8℃，这仍然低于部署减温器所需的10℃阈值[19]。

如表9.1所示，热源介质是源自蒸发单元的过程冷凝水，其温度为75℃或85℃，流量为200m³/h。冷凝器的入口和出口冷却水温度分别为30℃和38℃，冷却水由靠近现场的回收池供应。对于 FB-MEE 工艺中的液-液热交换器，最小逼近温差为3℃。进料为10%（质量分数）的过程溶液（1.6℃BPE[20~24]，见附录B中的图B.1），浓缩至20%（质量分数）（8.0℃BPE[20~24]，见附录B中的图B.1）。每个MEE效组的进料蒸汽比（$R=\dot{m}_F/\dot{m}_V$）取2.0。

对于闪蒸部分（仅适用于FB-MEE工艺），能量平衡表示为方程（9.7），其中 $i\in\{1,\cdots,j\}$ 是闪蒸室序号，j 是闪蒸室的总数。

$$\dot{m}_{F,i,in}h_{f_{F,i,in}} = \dot{m}_{V,i}\,h_{g(T_{F,out,i},p_{sat,i})} + (\dot{m}_{F,i,in} - \dot{m}_{V,i})h_{f_{F,i,out}} \tag{9.7}$$

$\dot{m}_{F,i,in}$ 和 $p_{sat,i}$ 分别是第 i 个闪蒸室的进料质量流量（kg/s）和饱和压力（kPa）。

$$T_{sat} = T_{F,out} - (\mathrm{BPE} + \mathrm{NEA}) \tag{9.8}$$

式中，$T_{F,out}$ 为闪蒸室的出口进料温度。闪蒸室的不平衡余量（NEA）是闪蒸温度范围、饱和温度、每单位闪蒸室宽度的出口浓缩液质量流量、闪蒸室内的浓缩液深度以及闪蒸室设计参数（如闪蒸室的长、宽和闪蒸室间的孔板类型）的函数。在本书中，NEA 定为0.5℃。因此，每个闪蒸室中 BPE 与 NEA 的和固定为8.5℃[18]。从每个闪蒸室注入蒸汽至相关MEE效组，考虑了容器之间1kPa的饱和压力差（见表9.1）[18]。

淡水总产量是每个MEE效组中冷凝水的总和，即方程（9.9）。

$$\dot{m}_{D,total} = \sum_{k=1}^{n}\dot{m}_{V,k} + \sum_{i=1}^{j}\dot{m}_{V,i} \tag{9.9}$$

之前的方程组以广义简约梯度法（GRG）并加上源自热力学定律、操作、技术及经济考量的边界条件来求解[18]。该方法已在文献[16,17,25,26]中被验证。

9.3.3 产量和余热性能比

图9.8在一系列热源入口温度下，对比 FB-MEE 与常规 MEE 工艺。在85℃热源入口温度下，FB-MEE 工艺的淡水与再浓缩过程液产量均提高36%。

衡量余热利用效率的余热性能比（见第6章）（PR_{WH}）[即方程（9.10）]也用于对比两种工艺的性能。2336kJ/kg 蒸发比焓是将余热利用换算成等值蒸汽用量的典型基准[16]。分母表示热源相对于最低可用温度的最大可利用能量，在当前情况下，即为冷凝器入口温度：

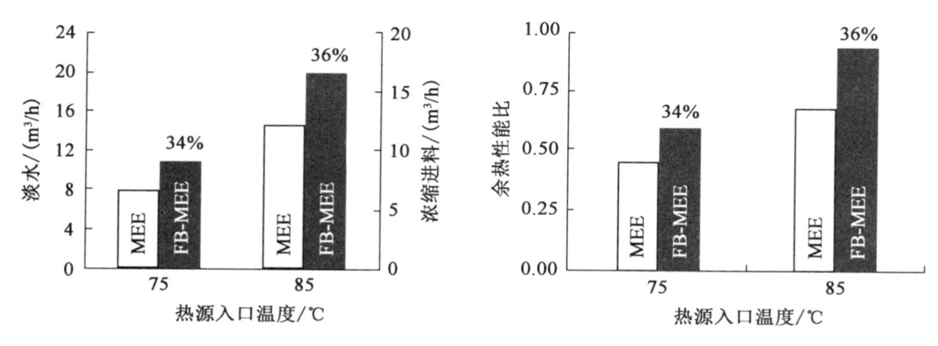

图 9.8 在两个热源温度下，闪蒸增强多效蒸发和常规多效蒸发工艺的淡水、浓缩过程液产量（左）及余热性能比（右）

$$PR_{WH} = \frac{2336\dot{m}_{D,tolal}}{\dot{m}_{HS}(h_{f,HS,in} - h_{f,cond,in})} \tag{9.10}$$

图9.8显示相较于常规MEE，FB-MEE工艺的余热性能比在两个温度下分别提高了34%和36%，增幅与产量的提升一致。

9.3.4 泵功耗

如第5章所述，泵功耗根据方程（9.11）计算。

$$泵功耗(kW) = \left(\frac{\Delta p\dot{V}}{\eta}\right) \tag{9.11}$$

式中，Δp，$\dot{V}$ 和 η 为总泵头（kPa），流量（m^3/s）和泵效率。如图9.4和图9.5所示，下面介绍工艺中各主要的泵。

9.3.4.1 冷却水泵

该泵将输送冷却水至冷凝器。此泵的压头为每传热单元数（NTU）0.4bar（见附录C）。该泵根据现场情况考虑了75%的效率[18]。

9.3.4.2 再循环泵

该泵用于FB-MEE工艺，以再循环通过液-液热交换器及闪蒸室的浓缩液。该泵的主要功耗是板式热交换器的压降［大约是0.3bar每NTU（见附录C）］及一系列闪蒸室的总压降（见第5.2.2节）。对于75℃和85℃，该泵所需的压头分别为88kPa和207kPa。根据现场情况，该泵的效率为80%[18]。

9.3.4.3 冷凝水抽取泵

该泵用于从主要MEE部分抽取冷凝水。该泵所需的压头为2bar（见第5.2.4节），效率为70%[18]。

9.3.4.4 热源泵

该泵用于常规MEE和FB-MEE工艺，泵送热源介质给FB-MEE工艺的主要MEE部分的蒸发器（第一效组）及液-液热交换器。对于第一效组（蒸发器），该泵所需的压头取第一效组及 FB-MEE 工艺中液-液热交换器的 0.3bar/NTU（参见附录 C），效率为 70%[18]。

9.3.4.5 浓缩（进料）抽取泵

浓缩进料液中有两个抽取泵，一个从主要 MEE 抽取，另一个从闪蒸室单元提取。该泵所需的压头为 2bar（见第 5.2.4 和 5.2.5 节）。基于现场情况，效率为 80%[18]。

9.3.4.6 进料泵

进料泵将进料泵送到蒸发单元。该泵压头为 1.0bar，效率为 80%[18]。

9.3.4.7 NCG 抽空泵

为了抽取不凝气体（NCG）和泄漏到系统中的空气，利用水环式真空泵从冷凝器中去除相当于 1%蒸汽的 NCG[27]。相应泵功耗根据厂商水环式真空泵产品目录确定。图 9.9（见彩图）显示了两个工艺比功耗的明细，以突显每个泵在总比功耗中的份额。在 75℃和 85℃温度下，常规 MEE 工艺分别消耗 3.6kW·h/m^3 和 3.3kW·h/m^3，而 FB-MEE 消耗 5.2kW·h/m^3 和 4.6kW·h/m^3，比前者分别高出 44%和 39%。两种工艺的主要差别是 FB-MEE 工艺中必须有再循环泵。泵功耗由 75℃的 5.2kW·h/m^3 下降至 85℃的 4.6kW·h/m^3，是由于相较于常规 MEE，FB-MEE 的较高热源入口温度能在主要 MEE 部分中添加一个额外效组。

9.3.5 资本成本分析

资本成本取决于材料和设备规格。本书重点分析与常规 MEE 工艺相比，FB-MEE 的相对资本成本增幅及其对比资本成本的影响。后者定义为总资本成本比总淡水产量或浓缩液产量，因为进料蒸汽比为 2.0 意味着淡水与浓缩过程液的产量相等。对于常规热脱盐厂，产量高达 10000m^3/d，使用以下成本函数（见 7.2 节）：

$$\text{资本成本}_{\text{MEE,MSF}}(\text{美元}) = \Psi_{D_t} = 3054 \times D_t^{0.9751} \tag{9.12}$$

式中，D_t为工厂的总产量，m^3/d；Ψ_{D_t}为成本函数。FB-MEE 工艺资本成本的增加是由于一系列的闪蒸室、液-液热交换器以及因为辅助蒸汽的注入而造成主要 MEE 效组传热需求的增加（见第 7.2 节）。闪蒸器是一般 MSF 工艺中的主要部分；因此，把闪蒸室所产生的总蒸汽量看待成 MSF 总产能，其成本便能以成本方程估算。然而，与 MSF 相比，该系列闪蒸室不需要冷凝管道及排热部分，后两者是海水淡化厂的主要成本项目[16,28]。至于液-液热交换器，根据热交换器类型可以计算其价格。本书使用板式热交换器，其价格根据附录 E 估算。

如第 7 章所述，MSF 和 MEE 工艺的资本成本可分为五个主要部分[28,29]：蒸发器（占总资本成本的 40%）；设备管路（29%）；架设（14%）；工程与调试（10%）及电力、仪表和控制（7%）。因此，FB-MEE 工艺的总资本成本可估计如下：

$$资本成本_{FB\text{-}MEE} = \Psi_{D_{t,FB\text{-}MEE}-D_{FV}} + 0.20 \times (\Psi_{D_{t,FB\text{-}MEE}} - \Psi_{D_{t,FB\text{-}MEE}-D_{FV}}) + 0.41\Psi_{D_{FV}} + CC_{hex} \tag{9.13}$$

式中，D_{FV}为所有闪蒸器的产量（蒸汽）；$D_{t,FB\text{-}MEE}$为FB-MEE厂的总产量。诚如第9.3.2节所述，除了第一个效组，引入蒸发效组的所有蒸汽都有大约8℃的过热。这意味着必须考虑该效组中处理减热所需的额外热交换器面积，及由此造成的蒸发器部分较高资本成本，后者占总资本成本的40%[28,29]。根据实际经验[19]，每1℃过热需要1%额外加热面积，以解决由于过热蒸汽的存在而导致日后的结垢问题。为此，利用面积系数（ϕ）以应对蒸发效组的额外热交换器面积（第一效组除外），如表9.2所示。

表9.2 在85℃热源入口温度下，两种工艺每一效组中与其过热程度相一致的面积系数

项目	第一效组（ϕ_1）	第二效组（ϕ_2）	第三效组（ϕ_3）	冷凝器（ϕ_{cond}）
MEE	1	1.08	N/A	1.08
FB-MEE	1	1.08	1.09	1.09

$$A_{calc} = A_1 + A_2 + A_3 + \cdots + A_n + A_{cond} \tag{9.14}$$

$$A_{actual} = \phi_1 \cdot A_1 + \phi_2 A_2 + \cdots + \phi_n A_n + \phi_{cond} A_{cond} \tag{9.15}$$

$$\gamma = \frac{A_{actual}}{A_{calc}} \tag{9.16}$$

A_{calc}和A_{actual}（m^2）分别是主要MEE部分不考虑及考虑过热蒸汽影响的总热交换器面积，而（ϕ）是应用于蒸发器资本成本（占总资本成本的40%）的面积系数；因此总资本成本方程是：

$$资本成本(美元) = (0.4\gamma + 0.6)\Psi_{D_t} \tag{9.17}$$

上述方程适用于公式（9.13）中的三个Ψ_{D_t}项，除了关乎闪蒸室的$\Psi_{D_{FV}}$，还关乎板式热交换器的CC_{hex}（见附录E）。

利用上述方程后，相较于常规MEE厂，FB-MEE厂的总资本成本增加约35%（见表9.3）。然而，在应用范围内，基于产量的提高，FB-MEE和MEE工艺的比资本成本率基本相当：

$$比资本成本率 = \frac{总资本成本率}{总产率} \tag{9.18}$$

表9.3 与多效蒸发工艺相比，闪蒸增强多效蒸发工艺的资本成本率和比资本成本率

热源入口温度/℃	资本成本率	比资本成本率
75	1.35	1.01
85	1.36	1.00

9.3.6 结论

新型FB-MEE工艺可利用氧化铝精炼厂的余热以降低蒸发单元的蒸汽耗量

并降低总体燃料消耗。针对淡水、浓缩过程液产量及余热性能比，该工艺与常规 MEE 工艺进行了对比。在余热温度范围内，FB-MEE 比优化的产量高 36%。在 75℃和 85℃热源入口温度下，相较于优化的常规 MEE 工艺，该工艺的比电耗增幅分别为 44%及 39%。在 85℃的情况下，泵功耗降低的主要原因是 MEE 部分安装了额外的效组。资本成本分析表明，这两种工艺具有相同的比资本成本。

9.4　应用于氧化铝精炼厂的新型闪蒸增强热蒸汽压缩多效蒸发工艺

本节介绍一种新型闪蒸增强热蒸汽压缩多效蒸发（FB-TVC-MEE）工艺。该工艺利用蒸发单元的可用余热（亦即低压蒸汽）来减少氧化铝精炼厂中用于蒸发的蒸汽消耗。

如第 9.2 节所述，氧化铝精炼厂中的蒸发单元一般包括管降膜或闪蒸技术。闪蒸和蒸发技术已在图 9.2 和图 9.3 中显示。如图 9.2 所示，在 MSF 工艺中，最后一个闪蒸室产生的蒸汽被注入气压冷凝器，并与冷却水混合。在选定的蒸发厂中，气压冷凝器的入口蒸汽温度适合驱动 TVC-MEE 工艺以节约能源（见图 9.10）。相较于现有 MSF 工艺和常规 TVC-MEE 工艺，本节介绍能与氧化铝精炼厂蒸发单元的可用余热耦合的新型工艺（图 9.11），以取代比蒸发单元从而减少蒸汽用量，后者是蒸发过程的主要热源。

9.4.1　工艺描述

蒸发厂包括几个利用闪蒸技术的蒸发单元。新型工艺利用可用闪蒸蒸汽余热以取代比蒸发单元并消除其蒸汽消耗。表 9.4 罗列了比蒸发单元的相关规格。然而，鉴于商业机密性，所显示的数量与实际规格不同，但仍然通用并具有代表性。为此，模拟考虑了单位蒸汽质量流量。此外，进料溶液被纯苛性钠（NaOH）溶液取代，相较于实际进料溶液，后者由于具有更高的 BPE 而更为保守。

如表 9.4 所示，所选定的 MSF 蒸发单元消耗 1kg/s 蒸汽，以将 18.5kg/s，19.0%（质量分数）苛性钠进料浓缩至 16.30kg/s，21.5%（质量分数）。如图 9.2 所示，可用余热是源自其他蒸发单元最后闪蒸室的闪蒸蒸汽。该余热有足够的潜力以取代选定单元的载荷。模拟显示（详述见下），常规 TVC-MEE 工艺通过热蒸汽压缩器消耗 35%（0.35kg/s，而不是原有的 1kg/s 消耗）中压蒸汽以压缩上述 56%的可用闪蒸蒸汽，以取代选定蒸发单元的载荷。不可利用的 44%闪蒸蒸汽（余热）被排放至现有气压冷凝器。常规工艺不能处理上述余热。压缩更多闪蒸蒸汽会降低输出的饱和温度，导致产量下降。图 9.12 所显示的工艺参数除了表 9.4 的规格皆是模拟结果。

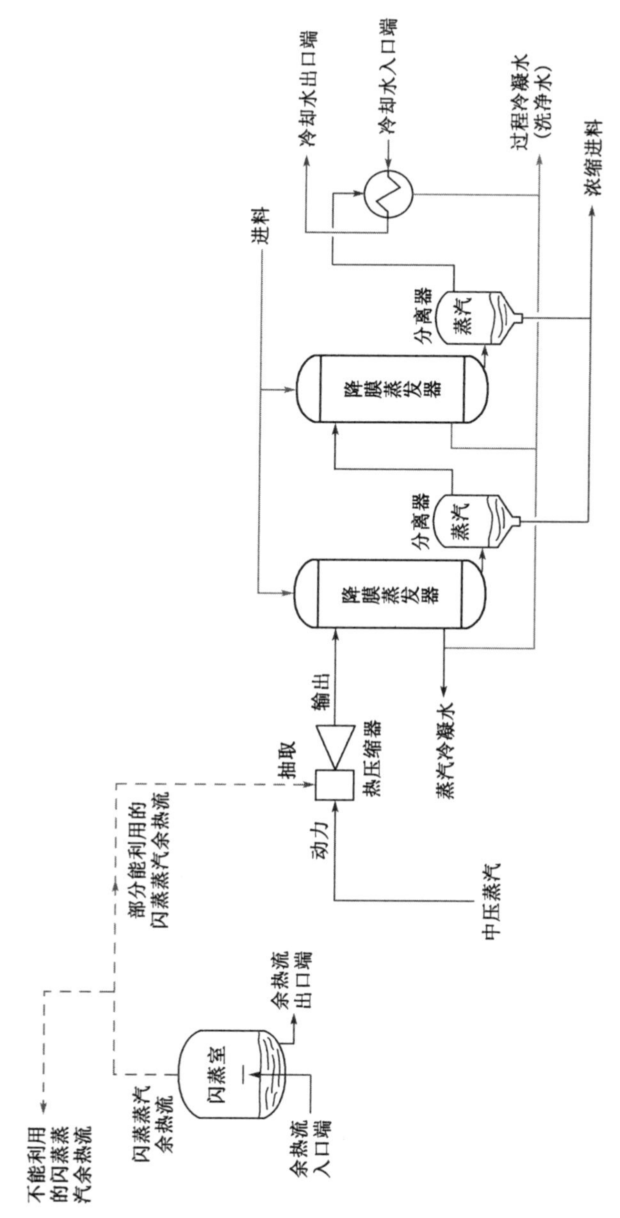

图9.10 与闪蒸室可用余热耦合的常规热蒸汽压缩多效蒸发工艺的原理设计图

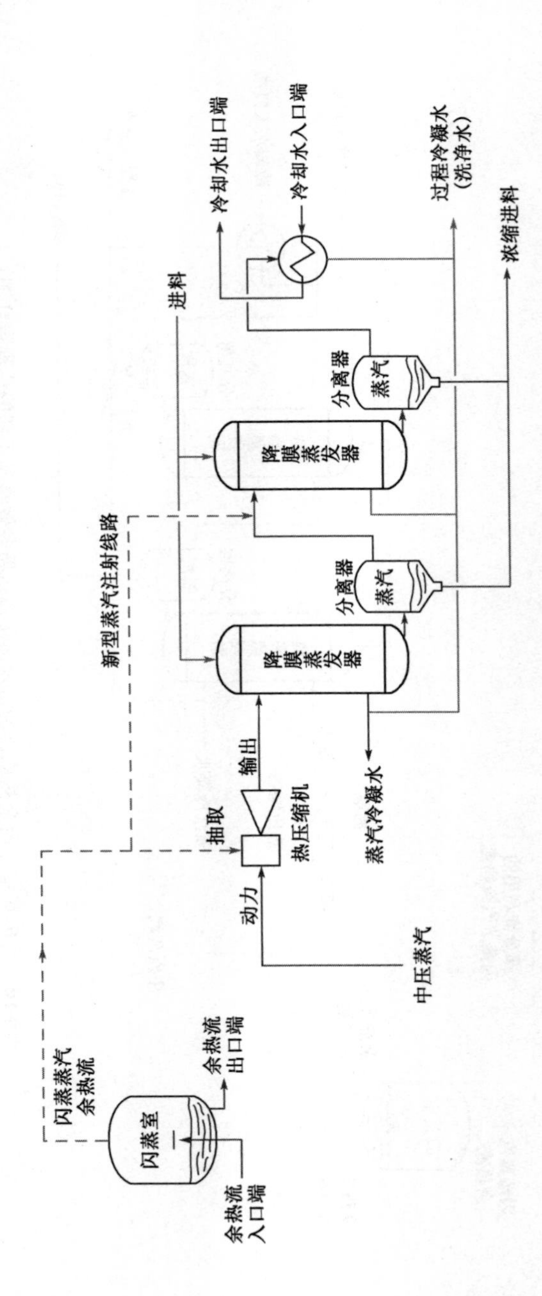

图9.11 与闪蒸室可用余热耦合的新颖闪蒸增强热蒸汽压缩多效蒸发工艺的原理设计图

表 9.4 假定规格

中压蒸汽	压力/bar	5
	温度/℃	170
	流量/(kg/s)	1.00
入口进料（苛性钠）	浓度（质量分数）/%	19.0
	温度/℃	59.0
	流量/(kg/s)	18.45
等效出口过程溶液（浓缩苛性钠）	浓度（质量分数）/%	21.5
	流量/（kg/s）	16.30
可用余热（闪蒸蒸汽）	温度/℃	72.0
	压力/bar	0.25
	流量/(kg/s)	1.55
冷却水	温度/℃	33.0

相反，如图 9.13 所示，FB-TVC-MEE 工艺回收同样的闪蒸蒸汽余热。在该工艺中，模拟显示（详述见下），仅需要选定单元的 18%（0.18kg/s，而不是原有的 1kg/s 消耗量）中压蒸汽以压缩 28%可用闪蒸蒸汽。其余闪蒸蒸汽（72%）悉数注入 MEE 部分的第二效组。该额外蒸汽注入工艺在前述中分别称为增强 MEE（B-MEE）及闪蒸增强 MEE（FB-MEE）工艺[11,16~18,26,30~34]。基本上这是与热压缩机耦合的 FB-MEE 工艺的特殊应用，亦即将其主要 MEE 部分限制为两个效组，而一系列闪蒸室减少至一个闪蒸室。图 9.13 中的工艺参数除了表 9.4 中的规格，皆是模拟结果。

FB-TVC-MEE 工艺中闪蒸蒸汽注入的优点是使热压缩机的吸汽负荷最小化，从而节省蒸汽消耗。如图 9.12 和图 9.13 所示，新型 FB-TVC-MEE 工艺的蒸汽消耗比优化的常规 TVC-MEE 工艺（中压蒸汽耗量前者为 0.18kg/s，后者为 0.35kg/s）降低了 49%。与常规 TVC-MEE 工艺相比，FB-TVC-MEE 工艺的闪蒸蒸汽回收率较高，工艺冷凝水（洗涤水）产量提高了 23%。

针对节省的蒸汽量、增益输出比（GOR）、比功耗和比资本成本，新型 FB-TVC-MEE 工艺将在以下章节与常规 TVC-MEE 工艺对比。

9.4.2 技术仿真

模拟涵盖 MEE 效组、冷凝器和热压缩机的质量、浓度和能量平衡。方程组利用 GRG 法[35]及源自热力学定律及适当的操作、技术和经济限制求解，如表 9.5所示。模拟的验证及其方法已在之前详述[11,16,17,30,32~34]。基本模拟与有信誉的厂家[17,36]和样机[11]的数据（见第 3 章）对比得到了验证。

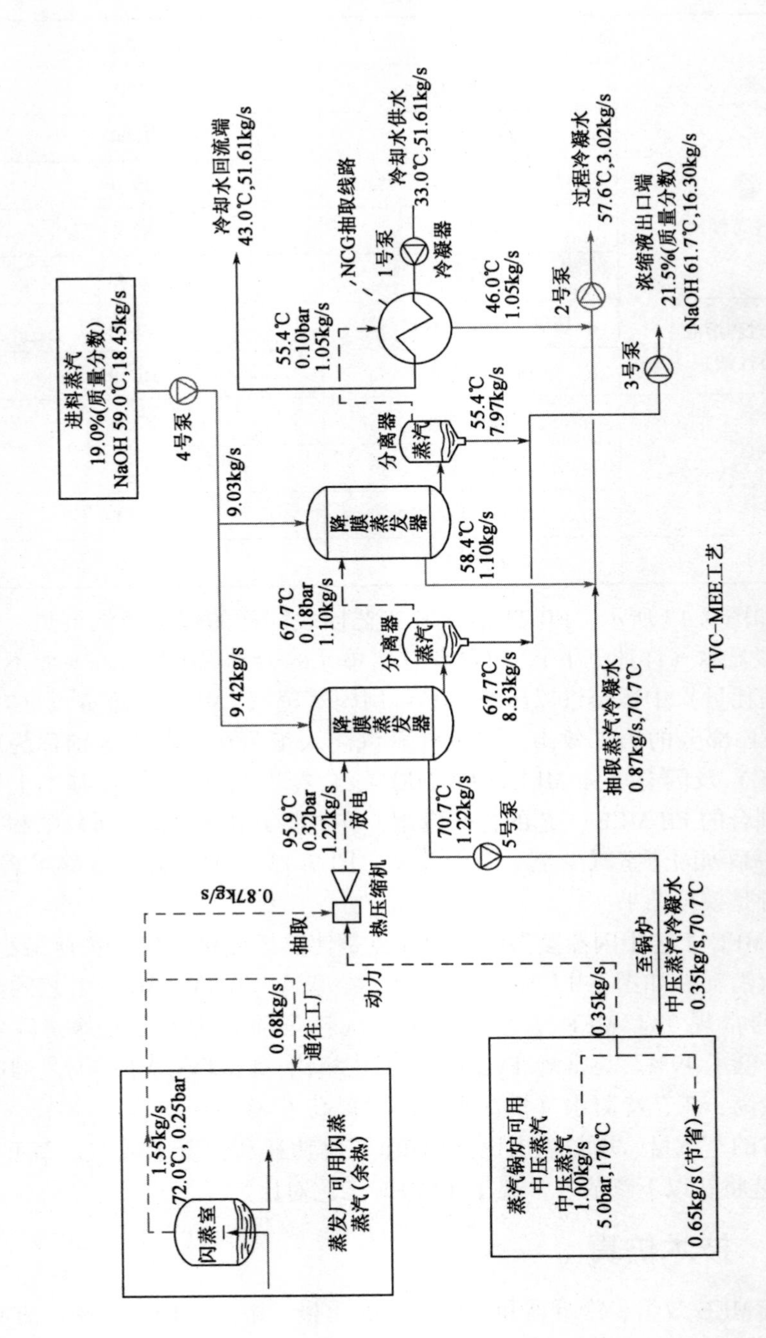

图9.12　与氧化铝精炼厂可用余热耦合的常规TVC-MEE工艺(作为基准)的原理设计图
(除了工厂规格外，所有数据均基于模拟)

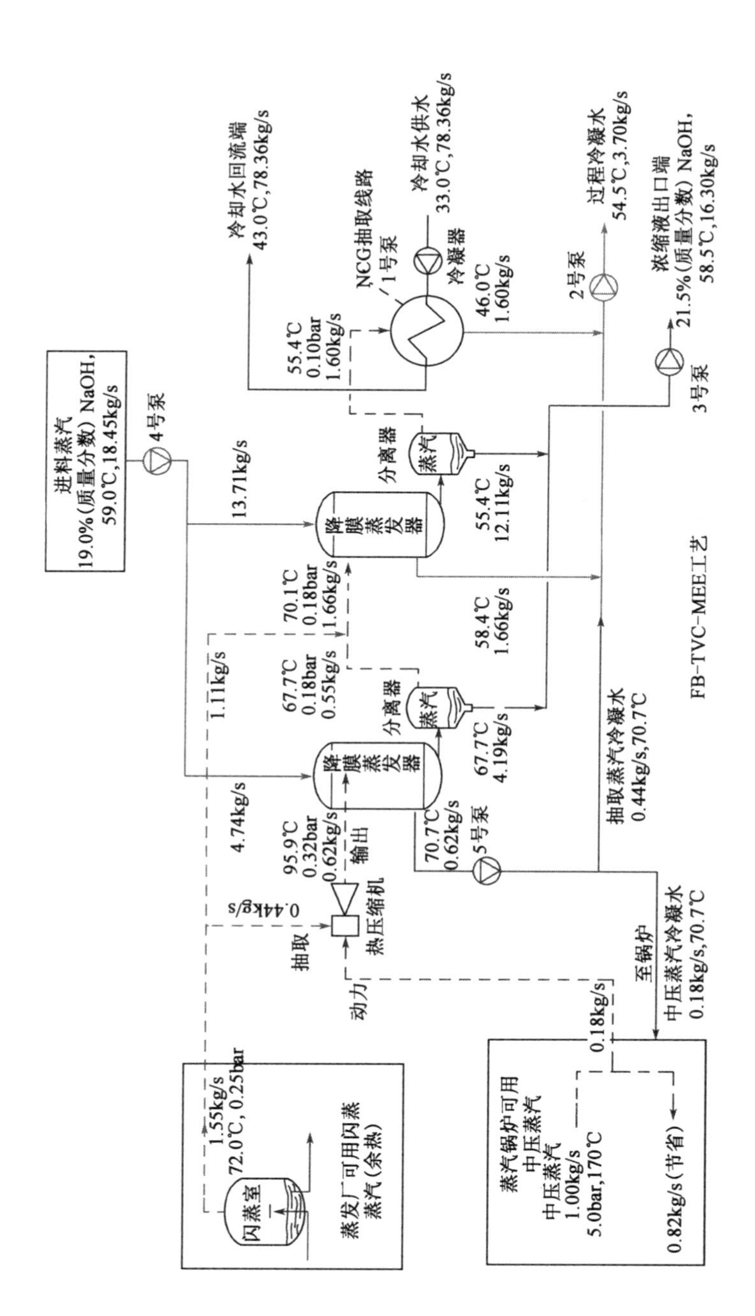

图9.13　与氧化铝精炼厂可用余热耦合的FB-TVC-MEE工艺的原理设计图
(除了工厂规格外，所有数据均基于模拟)

表 9.5 热力学模拟的假设及边界条件

每个 MEE 效组的蒸汽进料比（1/R）	12 %
冷凝器的温差/℃	10.0
蒸汽注入的最小压差/kPa	1.0[33]
蒸发器的最小逼近温差/℃	3.0
进料（NaOH）入口/出口浓度（质量分数）/%	19.0/21.5
最大可利用闪蒸蒸汽（余热）的质量流量/（kg/s）	1.55
热压缩机中压蒸汽的最大质量流量/（kg/s）	1.00

由于作为进料溶液的 NaOH 具有高的 BPE［21.5%（质量分数）的纯 NaOH 为 9.4℃］，以及蒸汽压缩输出蒸汽与冷却水之间的最优饱和温差，MEE 工艺被限于两个效组（图 9.12 和图 9.13）。进料溶液（NaOH）在 58.4℃、19.0%（质量分数）下进入 MEE 效组，浓缩至 21.5%（质量分数），工况与选定蒸发单元过程溶液的现有入口和出口条件相同。选择低蒸汽进料比（12%）以配合现有闪蒸工艺，与整体运行过程顺利对接。值得注意的是，MEE 工艺可实现的蒸汽进料比远大于 12%[12]。

针对两效 MEE，为了取得与选定蒸发单元相同的浓缩液产量，该模拟旨在寻求最低所需中压蒸汽质量流量（亦即热压缩机的动力蒸汽），并计算热压缩机所需的抽取流量以及输送蒸汽质量流量，并得出其最优热源入口饱和温度为 70.7℃。

质量和浓度平衡表示为 $k \in \{1, 2\}$：

$$\dot{m}_{\mathrm{F},k} = \dot{m}_{\mathrm{HC},k} + \dot{m}_{\mathrm{V},k} \tag{9.19}$$

$$\dot{m}_{\mathrm{F},k} X_{\mathrm{F},k} = \dot{m}_{\mathrm{HC},k} X_{\mathrm{HC},k} \tag{9.20}$$

为此：

$$\dot{m}_{\mathrm{HC},k} = \left(\frac{R-1}{R}\right)\dot{m}_{\mathrm{F},k} \tag{9.21}$$

$$X_{\mathrm{HC},k} = \left(\frac{R}{R-1}\right)X_{\mathrm{F},k} \tag{9.22}$$

第一效组的能量平衡写为：

$$\dot{m}_{\mathrm{HS},1}(h_{\mathrm{HS},1,\mathrm{in}} - h_{f\langle p_\mathrm{d}\rangle}) = \dot{m}_{\mathrm{V},1} h_{\mathrm{V},1} + \dot{m}_{\mathrm{HC},1} h_{\mathrm{HC},1} - \dot{m}_{\mathrm{F},1} h_{\mathrm{F},1} = U_1 A_1 \Delta T_{\mathrm{lm},1} \tag{9.23}$$

式中，$h_{f\langle p_\mathrm{d}\rangle}$ 为第一效组出口端蒸汽冷凝水的饱和焓；$h_{\mathrm{HS},1,\mathrm{in}} = h_{\mathrm{g}\langle p_\mathrm{d}, T_\mathrm{d}\rangle}$ 为与出口端压力与温度相对应的过热蒸汽焓；$h_{\mathrm{V},1} = h_{\mathrm{g}\langle p_1, T_{\mathrm{HC},1}\rangle}$ 为与效组压力及浓缩液出口温度对应的过热蒸汽焓；$h_{\mathrm{HC},1}$ 和 $h_{\mathrm{F},1}$ 为与相关浓度与温度对应的出口浓缩液及进料的焓。

对于 FB-TVC-MEE，接受注入闪蒸蒸汽的第二效组的能量平衡可写为：

$$\dot{m}_{\mathrm{HS},2}(h_{\mathrm{HS},2,\mathrm{in}} - h_{f\langle p_1\rangle}) = \dot{m}_{\mathrm{V},2} h_{\mathrm{V},2} + \dot{m}_{\mathrm{HC},2} h_{\mathrm{HC},2} - \dot{m}_{\mathrm{F},2} h_{\mathrm{F},2} = U_2 A_2 \Delta T_{\mathrm{lm},2} \tag{9.24}$$

对此：

$$\dot{m}_{\mathrm{HS},2} = \dot{m}_{\mathrm{V},1} + \theta \dot{m}_{\mathrm{V},\mathrm{inj}} \tag{9.25}$$

和：

$$h_{\mathrm{HS},2,\mathrm{in}} = \frac{\dot{m}_{\mathrm{V},1} h_{\mathrm{V},1} + \theta \dot{m}_{\mathrm{V},\mathrm{inj}} h_{\mathrm{V},\mathrm{inj}}}{\dot{m}_{\mathrm{V},1} + \theta \dot{m}_{\mathrm{V},\mathrm{inj}}} \tag{9.26}$$

$$h_{\mathrm{V},2} = h_{\mathrm{g}\langle p_2, T_{\mathrm{HC},2}\rangle} \tag{9.27}$$

$$h_{\mathrm{HC},2} = h_{f,\mathrm{HC}\langle x_{\mathrm{HC},2}, T_{\mathrm{HC},2}\rangle} \tag{9.28}$$

$$h_{\mathrm{F},2} = h_{\mathrm{f},\mathrm{F}\langle x_{\mathrm{F},2}, T_{\mathrm{F},2}\rangle} \tag{9.29}$$

θ 是区分 TVC-MEE 与 FB-TVC-MEE 工艺的标志，前者 θ 为 0，后者为 1。

冷凝器的能量平衡写为：

$$\dot{m}_{\mathrm{V},2}(h_{\mathrm{V},2} - h_{f\langle p_2\rangle}) = \dot{m}_{\mathrm{C}}(h_{\mathrm{C},\mathrm{out}} - h_{\mathrm{C},\mathrm{in}}) = U_{\mathrm{cond}} A_{\mathrm{cond}} \Delta T_{\mathrm{lm},\mathrm{cond}} \tag{9.30}$$

式中，$h_{\mathrm{C},\mathrm{in}}$、$h_{\mathrm{C},\mathrm{out}}$为相应温度下冷却水入口、出口的焓。

图 9.14 和图 9.15 说明了常规 TVC-MEE 与 FB-TVC-MEE 工艺的第一效组，第二效组与冷凝器的温度能谱，数值源于模拟。该效组及冷凝器的热源来自上一效组或热压缩机输送的过热蒸汽。参考第一效组（图 9.14 和图 9.15），在区域 1 中，过热蒸汽首先减热，然后在区域 2 及区域 3 冷凝。反之，进料温度首先升高到相关沸腾温度，然后在蒸发过程中保持恒定。该效组（即第一效组）有三个不同的区域，并具有三种不同类型的传热模式。在区域 3 中，进料沸腾，因此其浓度从 19.0%变化到 21.5%（表 9.5），并且由于 BPE 是浓度的函数，如图 9.14 和图 9.15 所示，它随蒸发的进度升高，因此蒸发过程不是恒温过程。对于 FB-TVC-MEE 工艺（对于常规 TVC-MEE 过程为 3%），区域 1 和区域 2 的 UA 值不超过该效组总 UA 值的 8%，因此对其相关传热系数可忽略不计，由此该效组（U_1）的总 U 值基本上只是区域 3 潜-潜传热的 U_{z3}（见附录 D）。

第二效组有两个区域。在区域 1 中，过热蒸汽首先减热，然后在区域 2 冷凝。模拟忽略进料闪蒸对第二效组的影响。当进料饱和压力高于第二效组的压力时闪蒸即会发生。因此，当压力和温度降低（即从 59℃到 53.3℃）时，极小量的进料（小于 1%，相当于降温 5.7℃）会闪蒸。对于 FB-TVC-MEE 和 TVC-MEE 的第二效组，入口进料温度为 53.3℃，亦即对应第二效组压力的进料沸点（相关浓度下）（图 9.14 和图 9.15）。

闪蒸后，进料沸腾，浓度从 19.0%变为 21.5%（表 9.5）。如前所述，由于不同的 BPE，蒸发过程中温度会有所不同。如图 9.14 和图 9.15 所示，该效组（U_2）的总 U 值近似为 U_{z2}。

参考图 9.14 和图 9.15，冷凝器的冷却水温度升高，但是过热蒸汽温度曲线与之前的效组相同，区域 1（减热区）可忽略不计，因此，总传热系数（U_{cond}）基本上为潜-显传热的 U_{z2}（见附录 D）。

模拟保守假设，浓缩液出口沸点与热源冷凝温度之间有 3℃温差。

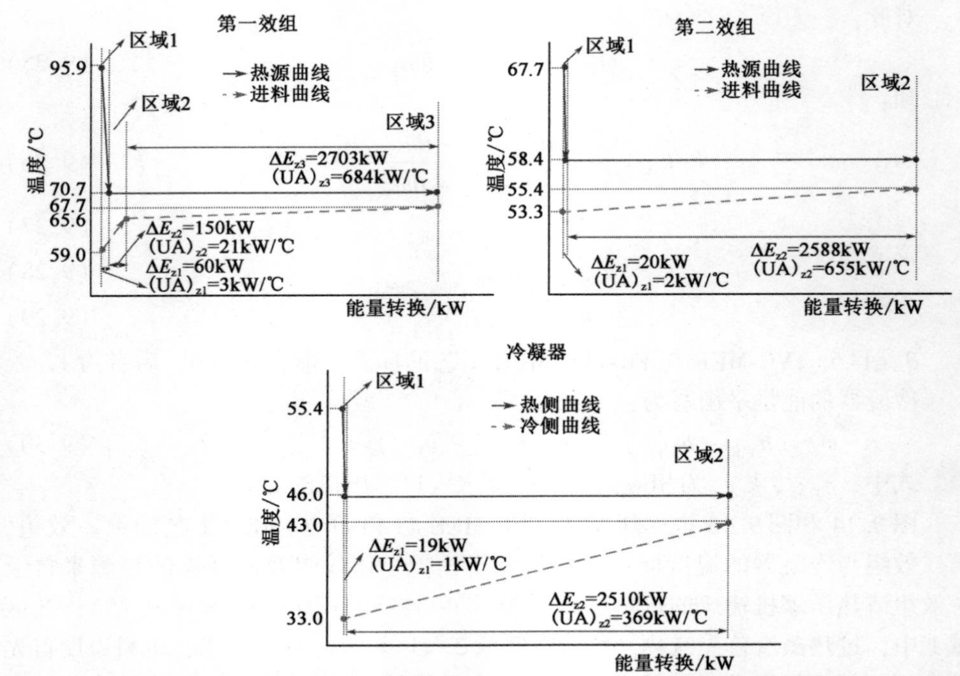

图 9.14 常规热蒸汽压缩多效蒸发（TVC-MEE）第一效组、第二效组及冷凝器的温度能谱示意图（所有数字均基于模拟）

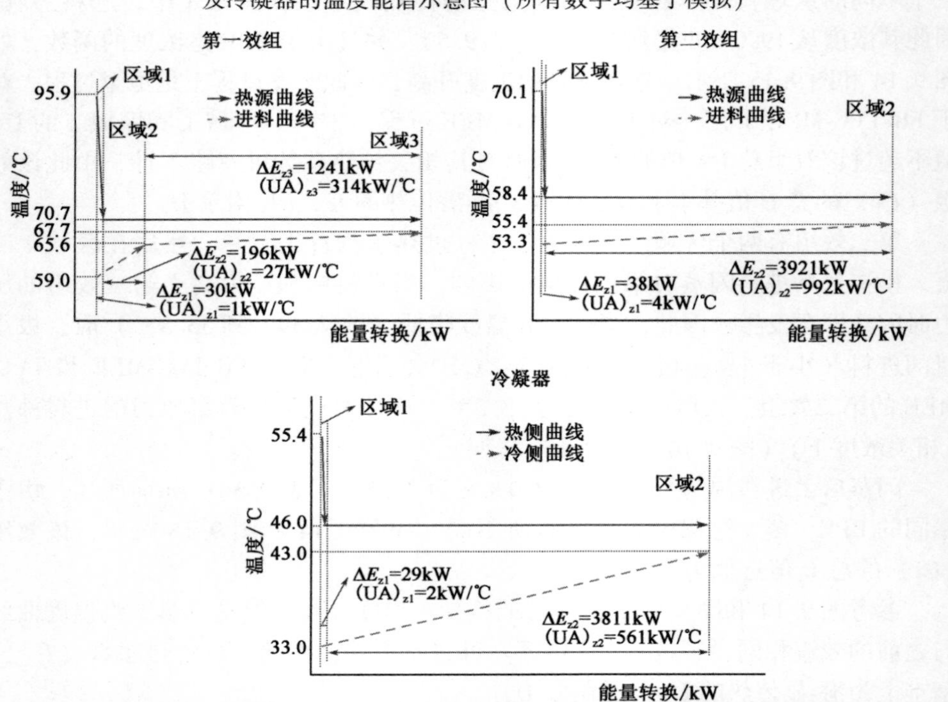

图 9.15 第一效组，第二效组和闪蒸增强热蒸汽压缩多效蒸发冷凝器的温度能量曲线示意图（所有数字均基于我们的模拟）

对于热压缩机，假定抽取（p_s）、动力（p_m）和输出（p_d）压力以及所需膨胀（$EXP = p_m/p_s$）、压缩（$CMP = p_d/p_s$）和夹带（ENT）比，根据图 9.16[37] 计算所需的中压蒸汽和产生的输出蒸汽。用以下两个方程计算所需的动力和抽取质量流量。

$$\dot{m}_m = \dot{m}_s / ENT \tag{9.31}$$

其中 ENT 由图 9.16 和下式求得[37]：

$$\dot{m}_d = \dot{m}_s + \dot{m}_m \tag{9.32}$$

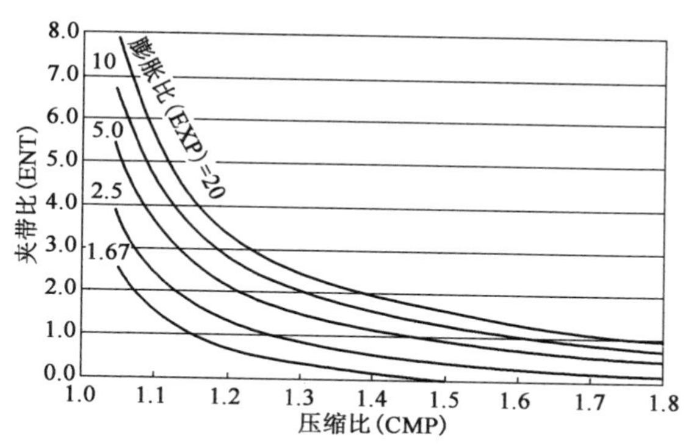

图 9.16 热压缩机夹带图[37]

输出焓和温度由以下能量平衡求得：

$$h_d = \frac{\dot{m}_m h_m + \dot{m}_s h_s}{\dot{m}_s + \dot{m}_m} \tag{9.33}$$

式中，$h_m = h_{g\langle p_m, T_m \rangle}$ 和 $h_s = h_{g\langle p_s, T_s \rangle}$。排放温度 $T_d = f(h_d, p_d)$ 为输出压力及焓的函数，可由蒸汽性质程序求得。该温度显示过热的程度，后者导致额外的热交换器面积以处理减热。

洗涤水总产量是每个 MEE 效组冷凝水量的总和：

$$\dot{M}_{D,total} = \sum_{k=1}^{2} \dot{m}_{V,k} + \theta \dot{m}_{V,inj} + \dot{m}_s \tag{9.34}$$

$$\dot{M}_{HC,total} = \sum_{k=1}^{2} \dot{m}_{HC,k} \tag{9.35}$$

如前所述，通过常规 TVC-MEE 和 FB-TVC-MEE 工艺的边界条件，利用 GRG 法求解方程（9.19）~方程（9.35）以寻求相当于常规 MSF 工艺（原本工艺）浓缩液流量的最少中压蒸汽流量。方程中所有蒸汽的性质利用美国国家标准与技术研究院（NIST）[38] 开发的 REFPROP 软件包（REFerence fluid PROPerties）计算。NaOH 的性质参考文献[20~24，39，40]。模拟 MEE 工艺的细节可参考文献[12，16]。

9.4.3 资本成本分析

总体资本成本是财务决算的关键参数。对于常规热脱盐厂，可基于 GWI/IDA 数据库估算资本成本[41]。对于产量范围高达 10000m³/d，用以下保守的成本函数[25]计算：

$$\Psi_{D_t} = 3054 \times D_t^{0.9751} \tag{9.36}$$

式中，D_t 为工厂总产量，m^3/d；Ψ_{D_t}为计算工厂总资本成本的保守函数。热蒸馏工艺（MSF 和 MEE 工艺）的资本成本可分为两个主要部分[28,29]：蒸发器的资本成本（占总资本成本的 40%）；而余下的项目包括设备管道、架设、工程和调试以及电力、仪表和控制（60%）。虽然该成本函数源自海水应用，后者相较于过程溶液运作利用不同选材（过程溶液运作利用碳化钢，海水利用特种钢或钛），然而，因为只是比较两种热蒸馏工艺之间的成本比值，所以此对比法仍然成立。方程（9.36）根据过程冷凝水（蒸馏液）产量计算 TVC-MEE 的资本成本，但是对于 FB-TVC-MEE，需要计算闪蒸蒸汽注入第二效组对资本成本的影响[16,25]。因此，考虑 FB-TVC-MEE 工艺的过程冷凝水产量并忽略注入至第二效组的闪蒸蒸汽量，成本函数（9.36）可计算 FB-TVC-MEE 工艺的资本成本。对于注入的闪蒸蒸汽（余热），在资本成本分析方面，MEE 部分中只需考虑额外冷凝面积，不需考虑产生该股蒸汽的蒸发面积。因此，假设蒸发和冷凝具有相似的总传热系数[12]，因而仅需一半的典型传热面积以处理额外的蒸汽注入，由此换算成上述蒸发器成本明细的 50%（即蒸发器成本的 50%，亦为总资本成本的 50% × 40% = 20%）[16,25]。诚如公式（9.37）所示，该总体因子应用于具有 FB-TVC-MEE 厂过程冷凝水产能的 MEE 厂，与具有减免了总闪蒸蒸汽注入量的 FB-TVC-MEE 厂过程冷凝水产能的 MEE 厂之间的资本成本差值[16,25]。

$$CC_{\langle \text{FB-TVC-MEE} \rangle} = \Psi_{(D_{t\langle \text{FB-TVC-MEE} \rangle} - D_{inj})} + [0.2 \times (\Psi_{D_{t\langle \text{FB-TVC-MEE} \rangle}} - \Psi_{(D_{t\langle \text{FB-TVC-MEE} \rangle} - D_{inj})})] \tag{9.37}$$

式中，$D_{t\langle \text{FB-TVC-MEE} \rangle}$ 为 FB-TVC-MEE 的总过程冷凝水（蒸馏液）产量，m^3/d；D_{inj}为注入 MEE 部分第二效组的闪蒸蒸汽量，m^3/d。

热压缩器的输出蒸汽以及其他的蒸汽流（亦即注入的闪蒸蒸汽和 MEE 产生的蒸汽）皆高度过热。因此，在蒸发效组中需考虑减热所需的额外热交换器面积，从而提高了蒸发器部分（占总资本成本的 40%）的资本成本[28,29]。根据实践经验[19]，每 1℃的过热需要 1%的额外加热面积，以考虑减热及日后结垢问题。为此，根据过热程度，应用相关系数以反映蒸发效组的额外换热面积：

$$A_{calc} = A_1 + A_2 + A_{cond} \tag{9.38}$$

$$A_{actual} = \phi_1 A_1 + \phi_2 A_2 + \phi_{cond} A_{cond} \tag{9.39}$$

和：

$$\gamma = \frac{A_{actual}}{A_{calc}} \tag{9.40}$$

式中，ϕ 为效组的面积系数，是每摄氏度过热所需的额外面积百分比；A_{calc}，A_{actual}为不考虑与考虑过热蒸汽影响的 MEE 效组的总换热面积，m^2；γ 为应用于蒸发器（占总资本成本的 40%）的总面积系数。因此，总资本成本方程如下：

$$TCC(美元) = (0.4\gamma + 0.6)CC \tag{9.41}$$

式中，CC 可以是 TVC-MEE 工艺［公式（9.36）］或 FB-TVC-MEE 工艺的资本成本［公式（9.37）］。比资本成本可以通过公式（9.42）计算：

$$SCC[美元/(m^3/d)] = \frac{TCC}{D_t} \tag{9.42}$$

式中，D_t 为过程冷凝水（蒸馏液）的产量，m^3/d。

9.4.4 模拟结果

9.4.4.1 蒸汽消耗、过程优化和增益输出比

根据前面提到的所有方法和假设，表9.6 和图9.17 显示了与常规工艺相比，两个工艺的蒸汽节省量。显然，FB-TVC-MEE 工艺是优越的，该工艺节省了大约82%的中压蒸汽，并有能力利用所有的闪蒸蒸汽（余热）。

表9.6 工艺可利用的中压蒸汽、闪蒸蒸汽耗量及闪蒸蒸汽利用量

项目	选定蒸发单元（MSF）	TVC-MEE	FB-TVC-MEE
可利用的中压蒸汽（用于选定的蒸发单元）/(kg/s)	1.00	1.00	1.00
中压蒸汽耗量/(kg/s)	1.00	0.35	0.18
闪蒸蒸汽耗量/(kg/s)	1.55	1.55	1.55
闪蒸蒸汽利用量/(kg/s)	0	0.87	1.55

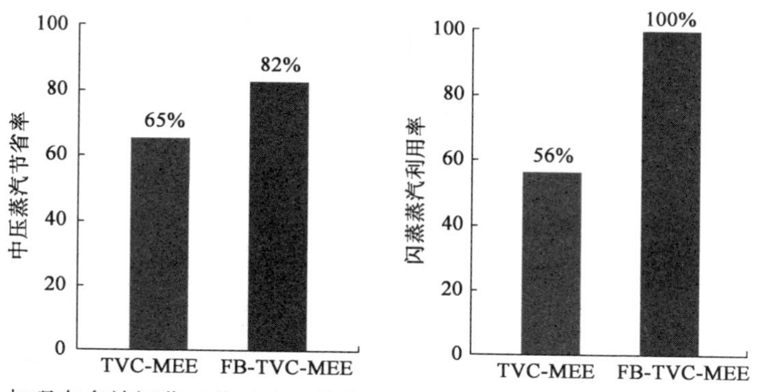

图9.17 与现有多效闪蒸工艺对比，热蒸汽压缩多效蒸发（TVC-MEE）与闪蒸增强热蒸汽压缩多效蒸发工艺（FB-TVC-MEE）的中压蒸汽节省率与闪蒸蒸汽利用率

在优化的 TVC-MEE 工艺中（见图9.12），没有蒸汽注入第二效组，因此约44%的闪蒸蒸汽未被使用（1.55kg/s 中的0.68kg/s）。图9.13 显示了优化的 FB-TVC-MEE 工艺，它完全利用了所有闪蒸蒸汽，其中28%通过热压缩机，而余量悉数注入至第二效组。图9.18 阐述从优化的 TVC-MEE 演变至优化的 FB-TVC-MEE 的优化路径。诚然，中压蒸汽消耗量（动力蒸汽流量）从优化 TVC-MEE

（对应零闪蒸蒸汽注入量）的 0.35kg/s 线性下降至优化 FB-TVC-MEE 工艺（对应 1.11kg/s 蒸汽注入量）的 0.18kg/s。同时，随着工艺由优化的 TVC-MEE 演变至优化的 FB-TVC-MEE，未能利用的闪蒸蒸汽线性减少至零。

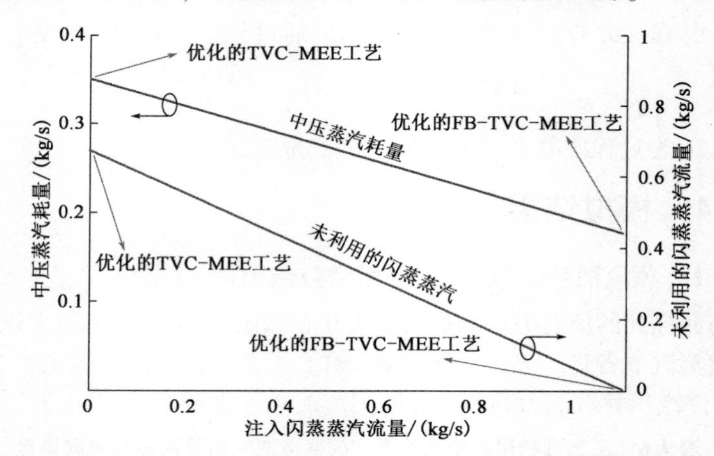

图 9.18 从优化的热蒸汽压缩多效蒸发（TVC-MEE）演变成优化的闪蒸增强热蒸汽压缩多效蒸发（FB-TVC-MEE）的优化轨迹

GOR 是比较所有三项工艺热性能的关键因子。该因子定义为每单位蒸汽耗量所带来的产量。

$$\mathrm{GOR} = \frac{\dot{m}_{\mathrm{p}}}{\dot{m}_{\mathrm{m}}} \tag{9.43}$$

式中，$\dot{m}_{\mathrm{m}}$ 为动力蒸汽流量；因为注入蒸汽量始终存在，故而 $\dot{m}_{\mathrm{p}}$ 为排除注入蒸汽量的总过程冷凝水产量。图 9.19 显示所有三项蒸发工艺的 GOR。诚然，FB-TVC-MEE 的 GOR 最高，比选定的蒸发单元高约 5.7 倍，亦比 TVC-MEE 工艺高 98%，意味着它可以更有效地利用中压蒸汽。

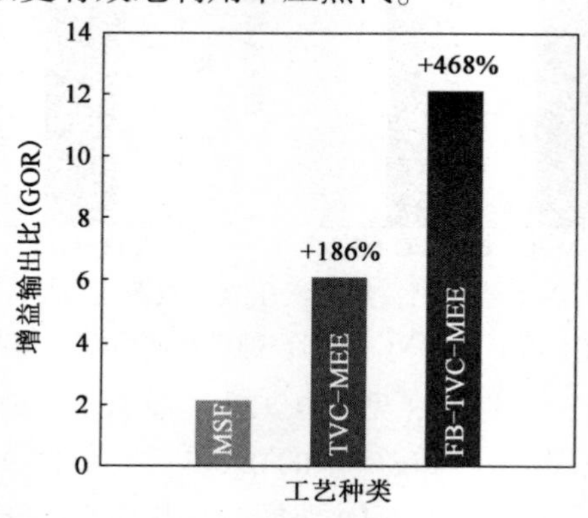

图 9.19 常规多效闪蒸（MSF）、热蒸汽压缩多效蒸发（TVC-MEE）和闪蒸增强热蒸汽压缩多效蒸发（FB-TVC-MEE）工艺的增益输出比

9.4.4.2 泵功耗

至于泵功耗，如图9.12和图9.13所示，基本上利用5个主泵以提供冷却水（1号泵）、从MEE效组抽取过程冷凝水（2号泵）及浓缩液（3号泵）、补给效组（4号泵）、从第一效组抽取蒸汽冷凝水（5号泵）。泵功耗根据公式（9.44）计算：

$$\text{泵功耗(kW)} = \frac{\Delta p \dot{V}}{\eta} \tag{9.44}$$

式中，Δp、$\dot{V}$和η分别为总压头（kPa）、流量（m^3/s）以及泵的总体效率。表9.7罗列了上述泵的压头及效率。图9.20（见彩图）对比FB-TVC-MEE与TVC-MEE的比功耗。功耗的详细计算及其方法已在第5章说明。如图9.20所示，主要功耗体现在冷却水泵（1号泵）。而至于过程冷凝水产量，由于相较于TVC-MEE工艺，FB-TVC-MEE有较高闪蒸蒸汽利用率，其比功耗仅比TVC-MEE高5%。

表9.7 泵规格

泵序号	作用	总效率/%	压头/bar
1	冷却水泵	0.70	5.1
2	过程冷凝水抽取泵	0.70	8.5
3	浓缩液抽取泵	0.63	12.3
4	进料泵	0.77	1.0
5	蒸汽冷凝水泵	0.60	12.2

9.4.4.3 比资本成本

如第9.4.3节所述，按照以上方法以比较TVC-MEE及FB-TVC-MEE工艺的资本成本，表9.8列明两项工艺每个效组中的过热程度，后者影响各个蒸发器的面积（ϕ）及总体传热系数（U）。因此，TVC-MEE工艺的第一效组、第二效组及冷凝器的各个蒸发器系数（ϕ）分别为1.252、1.094和1.094。对于FB-TVC-MEE，它们分别为1.252、1.118和1.094。将这些因子应用于方程（9.39），然后应用方程（9.40）得出，TVC-MEE及FB-TVC-MEE的总体面积系数（γ）分别为1.16及1.14，由此，方程（9.41）和方程（9.42）能分别确认总资本成本与比资本成本。根据这个方法，由于相较于TVC-MEE工艺，FB-TVC-MEE能完全利用闪蒸蒸汽，因此后者的比资本成本比前者低11%。

表9.8 各个效组的过热程度 单位：℃

项目	第一效组	第二效组	冷凝器
TVC-MEE	25.2	9.4	9.4
FB-TVC-MEE	25.2	11.8	9.4

9.4.5 结论

新型 FB-TVC-MEE 工艺能有效利用氧化铝精炼厂的余热，该工艺旨在与可用闪蒸蒸汽（余热）耦合以取代选定蒸发单元。针对过程冷凝水（洗涤水）、GOR、比泵耗以及比资本成本降幅，新型工艺与优化的常规 TVC-MEE 厂及选定蒸发单元进行了对比。新型工艺能节省选定蒸发单元中 82%的中压蒸汽耗量。其热性能比常规工艺高 468%，比 TVC-MEE 工艺高 98%。至于泵功耗，FB-TVC-MEE 比 TVC-MEE 高 5%。资本成本分析显示，FB-TVC-MEE 的总体比资本成本比 TVC-MEE 低 11%。最重要的是，FB-TVC-MEE 比优化的常规 TVC-MEE 节省 26%的中压蒸汽。因此，新型工艺是能显著削减运营成本及精炼厂排放的最佳选项。

参考文献

[1] International Aluminium Institute, Aluminium and Durability towards Sustainable Cities, Cwningen Press, 2014.

[2] T. J. Brown, L. E. Hetherington, S. D. Hannis, T. Bide, A. J. Benham, N. E. Idoine, P. A. J. Lusty, World Mineral Production 2003-2007, Natural Environment Research Council (NERC), 2007.

[3] G. McNamara, Iron fact-ite, Earth Sci. Soc. (2000).

[4] Australian Aluminium Council Ltd, Sustainability Report 2012, Australian Aluminium Council Ltd, 2012.

[5] M. Grafe, G. Power, C. Klaubus, Review of Current Bauxite Residue Management, Disposal and Storage: Practices, Engineering and Science, CSIRO, Karawara WA 6152, Australia, 2009.

[6] G. S. Gontijo, A. C. B. De Araú jo, S. Prasad, L. G. S. Vasconcelos, J. J. N. Alves, R. P. Brito, Improving the Bayer process productivitye an industrial case study, Miner. Eng. 22 (13) (2009) 1130-1136.

[7] G. Power, M. Gräfe, C. Klauber, Bauxite residue issues: I. Current management, disposal and storage practices, Hydrometallurgy 108 (1-2) (2011) 33-45.

[8] L. Liu, L. Aye, Z. Lu, P. Zhang, Analysis of the overall energy intensity of alumina refinery process using unit process energy intensity and product ratio method, Energy 31 (2006) 1167-1176.

[9] Q. Chen, Discussion on the ways to reduce steam consumption in alumina production, J. Energy Sav. Nonferrous Metall. 1 (2006) 27-29.

[10] L. Jiang, Discussion of application of plate type evaporator in Shanxi alumina plant, J. Liaoning Chem. Ind. 33 (6) (2004) 345-348.

[11] A. Christ, K. Regenauer-Lieb, H. T. Chua, Application of the Boosted MED process for low-grade heat sourcesdA pilot plant, Desalination 366 (2015) 47-58.

[12] H. T. El-Dessouky, H. M. Ettouney, Fundamentals of Salt Water Desalination, Elsevier Science B. V., 2002.

[13] W. B. Glover, Selecting evaporators for process applications, Chem. Eng. Prog. 100 (December 2004) 26-33.

[14] B. Rahimi, K. Regenauer-Lieb, H. T. Chua, E. Boom, S. Nicoli, S. Rosenberg, A novel low grade heat driven process to re-concentrate process liquor in alumina refineries, Hydrometallurgy (2015) 327-336.

[15] B. Rahimi, K. Regenauer-Lieb, H. T. Chua, E. Boom, S. Nicoli, S. Rosenberg, A novel flash boosted

evaporation process for alumina refineries, Appl. Therm. Eng. 94 (2016) 375-384.

[16] B. Rahimi, A. Christ, K. Regenauer-Lieb, H. T. Chua, A novel process for low grade heat driven desalination, Desalination 351 (October 2014) 202-212.

[17] X. Wang, A. Christ, K. Regenauer-Lieb, K. Hooman, H. T. Chua, Low grade heat driven multi-effect distillation technology, Int. J. Heat Mass Transf. 54 (25e26) (December 2011) 5497-5503.

[18] B. Rahimi, K. Regenauer-Lieb, H. T. Chua, E. Boom, S. Nicoli, S. Rosenberg, A novel low grade heat driven process to re-concentrate process liquor in alumina refineries, in: 10th Int. Alumina Quality Workshop (AQW) Conference, Perth, Australia. April 19th—23rd, 2015, 2015, pp. 327-336.

[19] Spirax Sarco Co, The Steam and Condensate Loop Book, Spirax Sarco Co, 2007.

[20] Solvay Chemicals Co, Liquid Caustic Soda Characteristics, 2014 (Online). Available: http://www.solvaychemicals.com/EN/products/causticsoda/Liquidcausticsoda.aspx.

[21] W. L. McCabe, The enthalpy - concentration chart a useful device for chemical engineering calculations, Trans. AIChE 31 (1935) 129-169.

[22] J. W. Bertetti, W. L. McCabe, Sodium hydroxide solutions, Ind. Eng. Chem. 28 (2) (1936) 247-248.

[23] E. W. Washburn, C. J. West, C. Hull, National Academy of Sciences (U. S.), International Council of Scientific Unions., and National Research Council (U. S.), in: International Critical Tables of Numerical Data, Physics, Chemistry and Technology, vol. III, McGraw-Hill, New York, 1928.

[24] R. H. Perry, D. W. Green, J. O. Maloney, Perry's Chemical Engineers' Handbook, seventh ed., McGraw-Hill, 1999.

[25] B. Rahimi, J. May, A. Christ, K. Regenauer-Lieb, H. T. Chua, Thermo-economic analysis of two novel low grade sensible heat driven desalination processes, Desalination 365 (2015) 316-328.

[26] B. Rahimi, K. Regenauer-Lieb, H. T. Chua, A novel desalination design to better utilise low grade sensible waste heat resources, in: IDA World Congress 2015 on Desalination and Water Reuse, San Diego, US. August 30—September 4, 2015, 2015.

[27] A. Seifert, K. Genthner, A model for stagewise calculation of non-condensable gases in multi-stage evaporators, Desalination 81 (1991) 333-347.

[28] C. Sommariva, H. Hogg, K. Callister, Cost reduction and design lifetime increase in thermal desalination plants: thermodynamic and corrosion resistance combined analysis for heat exchange tubes material selection, Desalination 158 (May 2003) 17-21.

[29] C. Sommariva, H. Hogg, K. Callister, Maximum economic design life for desalination plant: the role of auxiliary equipment materials selection and specification in plant reliability, Desalination 153 (2002) 199-205.

[30] B. Rahimi, H. T. Chua, A. Christ, System and Method for Desalination, World Intellectual Property Organization, 2015. WO 2015/154142 A1.

[31] A. Christ, K. Regenauer-Lieb, H. T. Chua, Development of an advanced low-grade heat driven multi effect distillation technology, in: IDA World Congress on Desalination and Water Reuse, 2013.

[32] H. T. Chua, K. Regenauer-Lieb, X. Wang, A Desalination Plant, World Intellectual Property Organization, 2012. WO 2012/003525 A1.

[33] A. Christ, K. Regenauer-Lieb, H. T. Chua, Boosted Multi-Effect distillation for sensible low-grade heat sources: a comparison with feed pre-heating multi-effect distillation, Desalination 366 (2015) 32-46.

[34] A. Christ, K. Regenauer-Lieb, H. T. Chua, Thermodynamic optimisation of multi-effect-distillation driven by sensible heat sources, Desalination 336 (2014) 160-167.

[35] L. S. Lasdon, A. D. Waren, A. Jain, M. Ratner, J. Rice, Design and testing of a generalized reduced gradient code for nonlinear programming, ACM Trans. Math. Softw. 4 (1) (1978) 34-50.

[36] Alfa Laval, Single Effect Freshwater Generator, Model JWP-16/26-c Series, in Alfa Laval Marine & Diesel Product Catalogue, Alfa Laval Corporate AB, 2003.
[37] Kadant Thermocompressor Sizing Catalogue, Kadant Johnson Inc. , MI, USA, 2011. http://www. kadant. com/.
[38] NIST, NIST Reference Fluid Thermodynamic and Transport Properties Database (REFPROP): Version 9. 1, 2013.
[39] J. W. Bertetti, W. L. McCabe, Specific heats of sodium hydroxide solutions, Ind. Eng. Chem. 28 (3) (1936) 375-378.
[40] H. R. Wilson, W. L. McCabe, Specific heats and heats of dilution of concentrated sodium hydroxide solutions, Ind. Eng. Chem. 34 (5) (1942) 558-566.
[41] IDA Desalting Plants Inventory, 2011 (Online) . Available: http://www. desaldata. com.

▶▶▶ 附录

附录 A：海水焓

潜热蒸发[1]：

$$h_{fg(T_{sv})} = 2499.5698 - 2.204864T_{sv} - 1.596 \times 10^{-3}T_{sv}^2 \quad (A.1)$$

海水焓[2]：

$$h_{f,sw} = h_{f,w} - X(a_1 + a_2X + a_3X^2 + a_4X^3 + a_5T_B + a_6T_B^2 + a_7T_B^3 + a_8XT_B + a_9X^2T_B + a_{10}XT_B^2) \quad (A.2)$$

适用于 10℃ ≤ T_B ≤ 120℃ 和 0kg/kg ≤ X ≤ 0.12kg/kg，精度为 ±0.5%。$h_{f,w}$是纯水饱和焓：

$$h_{f,w} = 141.355 + 4202.07T_B - 0.535T_B^2 + 0.004T_B^3 \quad (A.3)$$

适用于 5℃ ≤ T_B ≤ 200℃，精度为 ±0.02%。常数如下：

$a_1 = -2.348 \times 10^4$；$a_2 = 3.152 \times 10^5$；$a_3 = 2.803 \times 10^6$；

$a_4 = -1.446 \times 10^7$；$a_5 = 7.826 \times 10^3$；$a_6 = -4.417 \times 10^1$；

$a_7 = 2.139 \times 10^{-1}$；$a_8 = -1.991 \times 10^4$；$a_9 = 2.778 \times 10^4$；

$a_{10} = 9.728 \times 10^1$

参考文献

[1] H. T. El-Dessouky, I. Alatiqi, S. Bingulac, H. M. Ettouney, Steady-state analysis of the multi effect evaporation desalination process, Chem. Eng. Technol. 21 (1998) 437-451.

[2] M. H. Sharqawy, J. H. Lienhard V, S. M. Zubair, Thermophysical properties of seawater: a review of existing correlations and data, Desalin. Water Treat. 16 (10) (2010) 354-380.

附录 B：沸点升高和不平衡余量

海水沸点升高（BPE）参考附录 A 中的文献[2]：

$$\mathrm{BPE} = \lambda X^2 + \sigma X \tag{B.1}$$

$$\lambda = -4.584 \times 10^{-4} T_B^2 + 2.823 \times 10^{-1} T_B + 17.95 \tag{B.2}$$

$$\sigma = 1.536 \times 10^{-4} T_B^2 + 5.267 \times 10^{-2} T_B + 6.56 \tag{B.3}$$

方程（B.1）适用于 0℃ ≤ T_B ≤200℃；0kg/kg ≤ X ≤0.12kg/kg，精度为 ±0.018K。

第 9 章提到的苛性钠（NaOH）BPE 见图 B.1[1]。第 i 个闪蒸室的非平衡余量（NEA）参考文献[2]：

$$\mathrm{NEA}_i = \frac{50.7 \Delta p'^{0.71}\ \mathrm{SWL}^{0.07} H_i^{\ 1.1}}{T_{\mathrm{FC},i,\mathrm{in}}^{\ \ 2.0} L_i^{\ 1.01}} \tag{B.4}$$

式中，$\Delta p'$是闪蒸室中的蒸汽压差，由下式计算：

$$\Delta p' = p_{\mathrm{sat}\langle T_{\mathrm{FC},i,\mathrm{in}}\rangle} - p_i \tag{B.5}$$

式中，SWL 是比堰负荷，（kg/s）/m，表示为[3]：

$$\mathrm{SWL} = 105.6 + 18.06 D_{\mathrm{FC}} \tag{B.6}$$

其中[4]：

$$D_{\mathrm{FC}} = \sum_{i=1}^{j} \dot{m}_{\mathrm{V,FC},i} \tag{B.7}$$

L_i 是闪蒸室长度[5]：

$$L_i = \frac{\dot{m}_{\mathrm{V,FC},i}}{V_v W_i \rho_{v,i}}$$

式中，V_v 为最大允许蒸汽释放速度，限制为6m/s；$\rho_{v,i}$为 $T_{\mathrm{sat}\langle p_i\rangle}$ 的蒸汽密度；W_i 为第 i 个闪蒸室宽，由下式计算：

$$W_i = \frac{\dot{m}_{\mathrm{FC},i,\mathrm{in}}}{\mathrm{SWL}} \tag{B.8}$$

H_i是第 i 个闪蒸室中平均浓盐水水位（m），比闸门高度（HG_i）高出 0.1 ~0.2m[4,5]：

$$H_i \approx 0.1 + \mathrm{HG}_i \tag{B.9}$$

和[4]：

$$\mathrm{HG}_i = \frac{\dot{m}_{\mathrm{FC},i,\mathrm{in}}}{C_d W_i} (2\rho_{w,i}\ \Delta p_{v,i})^{-0.5} \tag{B.10}$$

式中，$\rho_{w,i}$为 $T_{\mathrm{sat}\langle p_i\rangle}$ 的纯水密度；$\Delta p_{v,i}$为蒸汽压差；C_d 为堰排放系数，自由流为0.6，淹没流为0.7[6]。

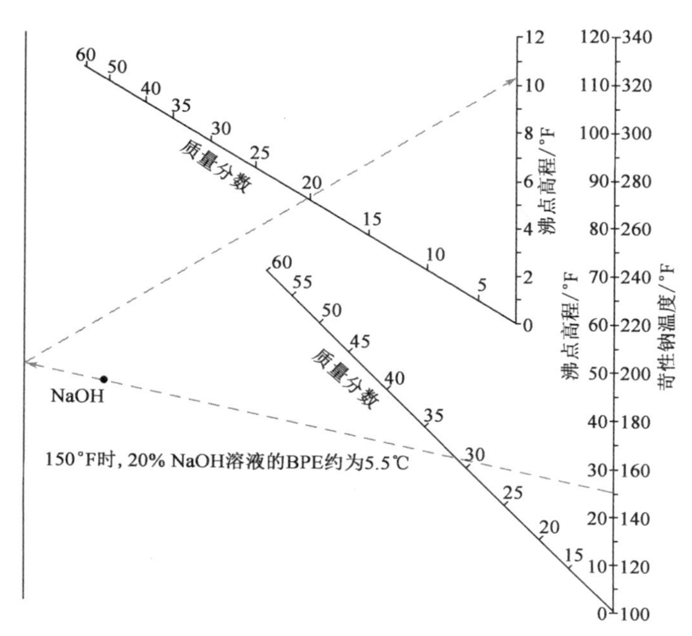

图 B. 1　苛性钠的沸点升高[1]

参考文献

[1] R. H. Perry, D. W. Green, J. O. Maloney, Perry's Chemical Engineers' Handbook, seventh ed., McGraw-Hill, 1999.

[2] R. Rautenbachr, S. Schafer, S. Schleiden, Improved equations for the calculation of non-equilibrium temperature loss in MSF, Desalination 108 (1996) 325-333.

[3] H. El-Dessouky, S. Bingulac, A fixed point iterative algorithm for solving equations modeling the multi-stage flash desalination process, Comput. Methods Appl. Mech. Eng. 141 (1-2) (February 1997) 95-115.

[4] H. El-Dessouky, S. Bingulac, Solving equations simulating the steady-state behavior of the multi-stage flash desalination process, Desalination 107 (2) (October 1996) 171-193.

[5] H. El-Dessouky, H. I. Shaban, H. Al-Ramadan, Steady-state analysis of multi-stage flash desalination process, Desalination 103 (1995) 271-287.

[6] M. A. Darwish, M. M. El-Refaee, M. Abdel-Jawad, Developments in the multi-stage flash desalting system, Desalination 100 (1995) 35-64.

附录 C： 板式热交换器的压降

板式热交换器的压降包括三个部分：

①入口与出口分布歧管及端口的压降，压降应尽可能低；

②通过板间隙的压差；

③高度变化导致的静压头。

对于水-水应用，板式热交换器两侧的压降参考文献[1]：

$$\Delta p_{\text{phe}} = \frac{1.5G^2N}{2\rho_{\text{inn}}} + \frac{4\zeta H_{\text{plate}}G^2}{2\rho_{\text{m}}d_{\text{e}}} \pm \rho_{\text{m}}gH_{\text{plate}} \tag{C.1}$$

式中，N 为每侧的通过次数；$G = 4\dot{m}/(\pi d_{\text{e}}^2)$，为端口中的流体质量速度；$d_{\text{e}}$ 为流道的等效直径，可以考虑为板间距的两倍；ζ 为范宁（Fanning）摩擦因子，它是雷诺数（Re）的函数，通常由相关经验拟合来确定；ρ_{inn} 为各个入口温度下的流体密度；$\rho_{\text{m}} = (\rho_{\text{inn}} + \rho_{\text{o}})/2$，为平均密度。在方程（C.1）中，$\Delta p_{\text{phe}}$ 的单位为 Pa。

为简化水-水应用的计算，考虑每传热单位数（NTU）有 0.20～0.98bar 的压降[2]，这是一个粗略但保守的考量。在本书中，所有针对液-液板式热交换器的计算均考虑了 0.3bar/NTU[3]。对于蒸发器和冷凝器，分别考虑了 0.3bar/NTU 和 0.4bar/NTU[2]。热交换器两侧的 NTU 可由下式计算：

$$\text{NTU}_{\text{hot}} = \frac{|T_{\text{hot,in}} - T_{\text{hot,out}}|}{\text{LMTD}} \tag{C.2}$$

$$\text{NTU}_{\text{cold}} = \frac{|T_{\text{cold,in}} - T_{\text{cold,out}}|}{\text{LMTD}} \tag{C.3}$$

其中：

$$\text{LMTD} = \frac{(T_{\text{hot,in}} - T_{\text{cold,out}}) - (T_{\text{hot,out}} - T_{\text{cold,in}})}{\ln\left(\dfrac{T_{\text{hot,in}} - T_{\text{cold,out}}}{T_{\text{hot,out}} - T_{\text{cold,in}}}\right)} \tag{C.4}$$

因此，水-水板式热交换器热侧与冷侧的压降（以 bar 为单位），可保守估算为：

$$\Delta p_{\text{hot}} \approx 0.3\text{NTU}_{\text{hot}} \tag{C.5}$$

$$\Delta p_{\text{cold}} \approx 0.3\text{NTU}_{\text{cold}} \tag{C.6}$$

参考文献

[1] R. K. Shah, D. P. Sekulic, Fundamentals of Heat Exchanger Design, John Wiley & Sons, Inc., 2003.
[2] O. Lekang, Aquaculture Engineering, Blackwell Publishing, 2007.
[3] T. Kuppan, Heat Exchanger Design Handbook, Marcel Dekker Inc., 2000.

附录 D: 冷凝器与降膜蒸发器的总传热系数

闪蒸增强热蒸汽压缩多效蒸发（FB-TVC-MEE）工艺第一效组、第二效组及冷凝器的总传热系数的计算解释如下。

冷凝器的总传热系数是进口蒸汽饱和温度的函数，由公式（D.1）计算[1]，此法适用于 TVC-MEE 和 FB-TVC-MEE 工艺：

$$U_{cond} = 1.7194 + 3.2063 \times 10^{-2} \times T_{sat,cond} - 1.5971 \times 10^{-5} \times (T_{sat,cond})^2 + 1.9918 \times 10^{-7} \times (T_{sat,cond})^3 \tag{D.1}$$

降膜蒸发器（第一效组和第二效组）总传热系数的一般方程可写为：

$$\frac{1}{U} = \left(\frac{1}{\alpha_i} + R_{F,i}\right) \times \frac{r_o}{r_i} + \frac{r_o}{k_{tube}} \times \ln\left(\frac{r_o}{r_i}\right) + \frac{1}{\alpha_o} + R_{F,o} \tag{D.2}$$

由于管壁的热传导阻力和结垢阻力（$R_{F,i}$ 和 $R_{F,o}$）相对较小，总传热系数可合理近似为膜系数（α_i 和 α_o）的函数。根据40管蒸发器的典型直径范围，r_o/r_i 是1.2。

根据参考文献[2]，α_i 由方程（D.3）计算。

$$\alpha_i = \alpha^+ \left(\frac{\mu_L^2}{\rho_L^2 k_L{}^3 g}\right)^{-1/3} \tag{D.3}$$

式中：

$$\alpha^+ = 1.6636 \cdot Re_L^{-0.2648} Pr_L^{0.1592}; 15 < Re_L < 3000; 2.5 < Pr_L < 200 \tag{D.4}$$

表 D.1 TVC-MEE 和 FB-TVC-MEE 工艺的传热系数

（见第9章） 单位：kW/（$m^2 \cdot K$）

项目	TVC-MEE			FB-TVC-MEE		
	第一效组	第二效组	冷凝器	第一效组	第二效组	冷凝器
α_i	3.8	3.3	—	3.7	3.2	—
α_o	4.7	4.2	—	4.7	4.2	—
U	1.9	1.6	3.2	1.9	1.6	3.2

注：FB-TVC-MEE，闪蒸增强热蒸汽压缩多效蒸发；TVC-MEE，热蒸汽压缩多效蒸发。

为简化水-水应用的计算，考虑每传热单位数（NTU）有0.20～0.98 bar的压降。

蒸汽冷凝与外管的相关传热系数可由方程（D.5）或方程（D.6）[3,4]计算。

$$\alpha_o = \frac{Re_L k_L}{1.08 Re_L^{1.22} - 5.2} \times \left(\frac{g}{v_L^2}\right)^{1/3}; 30 < Re_L < 1800 \tag{D.5}$$

$$\alpha_o = \frac{Re_L \cdot k_L}{8750 + 58 Pr_L^{-0.5} (Re_L{}^{0.75} - 253)} \times \left(\frac{g}{v_L^2}\right)^{1/3}; Re_L > 1800 \tag{D.6}$$

计算的传热系数如表 D.1 所示。

参考文献

[1] I. S. Al-Mutaz, I. Wazeer, Development of a steady-state mathematical model for MEE-TVC desalination plants, Desalination 351 (2014) 9-18.

[2] J. S. Prost, M. T. Gonza'lez, M. J. Urbicain, Determination and correlation of heat transfer coefficients in a falling film evaporator, J. Food Eng. 73 (2006) 320-326.

[3] A. Yunus, C, engel, Heat Transfer: A Practical Approach, McGraw-Hill, 2003.

[4] T. L. Bergman, A. S. Lavine, F. P. Incropera, D. P. DeWitt, Fundamentals of Heat and Mass Transfer, seventh ed. , John Wiley & Sons, Inc. , 2011.

附录 E：板式热交换器成本估算

热交换器成本是面积和材料的函数。许多化工文献收录了各种过程设备，如热交换器、蒸发器、闪蒸室、冷却塔、泵等工艺设备的成本函数。本书用于估算板式热交换器资本成本的函数出自参考文献[1]。

该函数适用于设计压力不大于 10bar，设计温度高达 160℃的板式热交换器。

对于面积小于 $18.6m^2$：

$$CC_{hex} = 1281 \cdot IF \cdot A^{0.4887} \quad 316不锈钢 \tag{E.1}$$

$$CC_{hex} = 1839 \cdot IF \cdot A^{0.4631} \quad 一级钛 \tag{E.2}$$

面积超过 $18.6m^2$：

$$CC_{hex} = 702 \cdot IF \cdot A^{0.6907} \quad 316不锈钢 \tag{E.3}$$

$$CC_{hex} = 781 \cdot IF \cdot A^{0.7514} \quad 一级钛 \tag{E.4}$$

式中，A 是以平方米（m^2）为单位的面积；IF 是介于 1.5～2.0 的安装系数（本书中使用 2.0），取决于换热器的体积；CC_{hex} 是以美元为单位的板式热交换器的资本成本。

参考文献

[1] C. Haslego, G. Polley, Compact heat exchangers—Part 1: Designing plate-and-frame heat exchangers, Chem. Eng. Prog. 98 (9) (2002) 32-37.

附录 F： 板式热交换器总传热系数

为求得板式热交换器的总传热系数，使用公式（F.1）：

$$\frac{1}{U} = \frac{1}{\alpha_{hot}} + R_{F,hot} + \frac{\delta}{k_{plate}} + \frac{1}{\alpha_{cold}} + R_{F,cold} \tag{F.1}$$

式中，U 为总传热系数；α_{hot}，α_{cold}为热侧，冷侧的局部传热系数；δ 为板厚度；k_{plate}为板的热传导阻力；$R_{F,hot}$，$R_{F,cold}$为每侧的相关结垢系数，为简单起见可忽略不计。

图 F.1 ~ 图 F.3[1] 显示了局部传热系数与压降和平均黏度的关系，可用于计算 α_{hot}和 α_{cold}。钛的热传导系数（k_{plate}）约为 16W/（m・K）。本书考虑板厚度为 0.4mm。

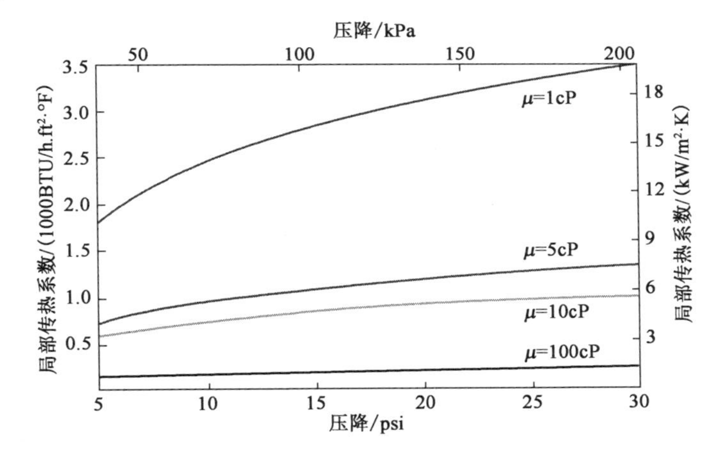

图 F.1 水基流体的局部传热系数为 0.25 < NTU < 2.0[1]
（1psi = 6.895kPa = 0.0689476bar，余同）

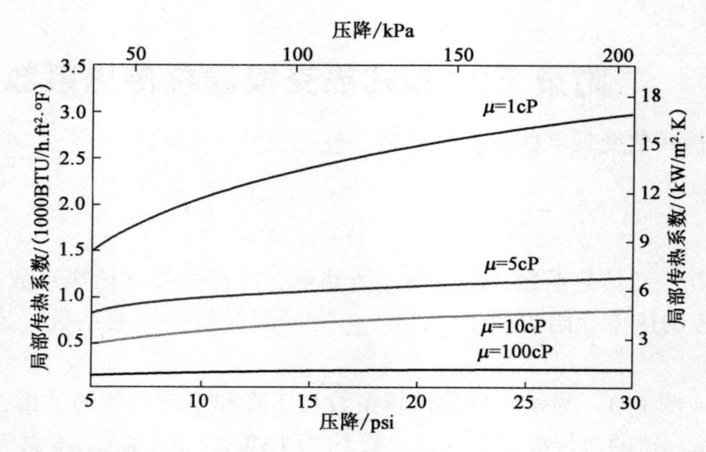

图 F. 2　水基流体的局部传热系数 2.0 < NTU < 4.0（对于介于 3.5 ~ 4.0 之间的 NTU，黏度小于 2.0cP 的水基流体，局部传热系数应降低 15%）[1]

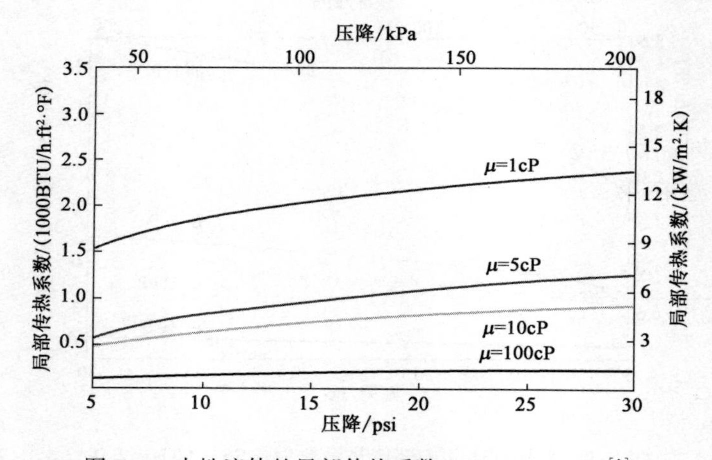

图 F. 3　水性流体的局部传热系数 4.0 < NTU < 5.0[1]

参考文献

[1] C. Haslego，G. Polley，Compact heat exchangers—Part 1：Designing plate-and-frame heat exchangers，Chem. Eng. Prog. 98（9）（2002）32 – 37.

附录 G: Excel 电子表格

G.1 简介

本书介绍的电子表格是学生版本，针对海水应用及65℃热源入口温度下分析常规多效蒸馏（MED）、增强 MED（B-MED）和闪蒸增强 MED（FB-MED）工艺的技术性能和经济可行性。本书提供的结果来自于本电子表格的原始版本（不是学生版本），使用了由 NIST 开发的 REFPROP 软件包（REFerence fluid PROPerties）[1]。学生版电子表格则使用 Water97_ 13 加载项，而不是 REFPROP。

本电子表格使用 Excel 求解器[2]，并包含七个工作表（表 G.1）。

G.2 热经济模拟工作表

如前所述，前三个工作表与所有前述工艺的热经济分析有关。这些工作表原则上相同，均包括下面列出的部分。每个单元格根据相关公式与其他单元格相连，这在第 4 至 7 章中有详细的说明。这些工作表包括以下八个部分。

表 G.1 工作表说明

工作表标题	描　　述
常规 MED	常规 MED 工艺的热经济模拟
B-MED	B-MED 工艺的热经济模拟
FB-MED	FB-MED 工艺的热经济模拟
MED 现金流量分析	常规 MED 方案的现金流量分析
B-MED 现金流量分析	B-MED 方案的现金流量分析
FB-MED 现金流量分析	FB-MED 方案的现金流量分析
选择最佳选项	具有一个 NPV 分析图，协助用户选择最佳选项

1. 初始输入

在此部分，用户可以键入输入。可以更改输入以模拟不同的情况。

2. 初始猜测值

在此部分，用户可以输入猜测参数。这些参数根据工艺规格判断。模拟 FB-MED 工艺需要比其他工艺多猜测几组初始参数。适合的猜测可以引导求解器快速求解，所以用户应该对工艺有基本的工程理解，以为相关参数提供适合的猜测。

3. 假设

此部分包括辅助输入。用户可以改变（有逻辑的和实际的方式）辅助输入，以模拟不同的可能性改变它们。例如，进料蒸汽比可以从2.857（即蒸发35%）改至2.5（蒸发40%），或者每个主要MED效组间的最小温差可以从2.5℃改至4℃等。

4. 输出

此部分包括重要计算参数，如总产量、比功耗、余热性能比等。

5. 资本支出（CAPEX）和运营支出（OPEX）

此部分包括资本与运营成本估算，详见第7章。

6. 泵功耗评估

此部分包括泵功耗分析。通过改变压降或效率，可以改变总泵功耗（见第5章）。

7. 质量和能量平衡

此部分包括质量和能量平衡。此部分的单元格不应该更改，因为它们之间以及与其他单元格都有关联。模拟求解之后，用户应该检查各平衡项以确定结果。有时，求解器能无错误地求解并收敛，但是工艺中某些部分的质量和能量不能平衡。在这种情况下，用户应该仔细检查模拟并解决问题。

8. 主要过程

此部分包括各效组以及所有传热装置，如闪蒸室、热交换器、冷凝器和除气器。每个部分都包括一个主色彩框，显示基本的计算参数，如温度以及流量。在此框里会显示其他参数，如UA值、焓、压力和压降、盐度、沸点升高（BPE）等。这些参数不应该更改，因为它们之间与输入数据相连在一起。显示这些参数可以更好地使用户了解工艺过程。每个相关部分，如第一效组、冷凝器、增强器（用于B-MED过程）、闪蒸室和热交换器（用于FB-MED过程）的边界条件都组合在最后一个框中。求解器根据第4.2.6节中的说明利用该边界条件。

G.3 现金流量分析工作表

这些工作表提供工厂整个生命周期的详细现金流量分析。对于每个工艺，这些工作表都是相同的。

1. 输入

此部分包括现金流量分析所需的参数（见第7章）。MED现金流量分析工作表的输入部分可以由用户更改，而其他工艺的输入部分与该参数相连，因此不应更改。

2. 工厂规格

此部分包括工厂的一些规格，由 Excel 自动计算，不应更改。

3. 输出

此部分显示了重要输入，如净现值（NPV）、投资回收期等。

4. 比率

此部分对比各工艺的资本成本、运营成本及产量，以常规 MED 工艺为标杆。

5. 现金流量表

此表显示工厂生命周期内每年的详细现金流量。该表格帮助用户更好地了解现金流量分析。

G.4 选择最佳方案工作表

此工作表利用 NPV、内部收益率（IRR）和增量回报率（ΔIRR）方法以协助工艺决策。该工作表亦提供 NPV 与利率的关系图，详见第 7 章。

G.5 相关加载项

此模拟需要一些加载项，如下所示：

1. Seawater16_ v1

此加载项包括附录 A 中参考文献[2]所收录的海水性质，如焓、密度和 BPE 等。该加载项的相关功能如下：seawaterEnthalpy（X，T），seawaterDensity（X，T）和 seawaterBPE（X，T），其中 X（kg/kg）是海水盐度，T（℃）是海水温度。

2. Vacuum_ Pumping_ Power

此加载项以千瓦（kW）为单位计算液环真空泵的泵功耗。考虑的数据基于 Robuschi 真空泵产品系列[3]。该加载项的相关功能是 pumpNa（$p_{vac}\dot{V}_{NCG}$），其中 p_{vac}是泵的绝对吸入压力（mbar），$\dot{V}_{NCG}$是 20℃时的饱和空气流量（m^3/h）。该功能适用于 $33mbar < p_{vac} < 800mbar$ 和 $19m^3/h < \dot{V}_{NCG} < 3500m^3/h$（取决于压力）。

3. Water97_ 13

此加载项计算所有水和蒸汽的性质；有关其功能的详情参阅 http://www.cheresources.com/iapwsif97.shtml。然而，原始模拟器使用 REFPROP NIST[1]，而不是这个免费软件。

G.6 主要颜色

为了便于寻找适当单元格，表 G.2 说明了使用的颜色。

表 G.2 主要颜色的含义

颜色	描　述
橙色	具有此颜色的单元格是指用户可以根据逻辑、理论获得实际工程数值键入、更改或修正的输入
绿色	初步的猜测值
蓝灰	在添加或删除一个或多个效组时要更新这些单元格的方程

G.7 增加一个效组

用户可以添加一个或多个效组或闪蒸室以分析不同的情况。这个步骤很简单，但应该仔细进行。用户应检查新效组或闪蒸室相关单元格之间的连接。例如，为了在常规 MED 工作表中添加一个效组以将其效组数增加到 6，应考虑以下步骤。

①选择冷凝器部分（从单元格 X2 至 Z50 的框）。剪切并粘贴到单元格 AA2 至 AC50。

②选择最后一个效组（在这种情况下为 4 号效组），亦即从单元格 U2 至 W37 的框。复制并粘贴到单元格 X2 至 Z37。

③将此新效组命名为 5 号效组。

④将单元格 D7 的值更改为 5。

⑤现在冷凝器的单元格应该与新效组相连接。为此：

a. 选择单元格 AA5 并将其连接到单元格 Z9，而不是单元格 W9。

b. 选择单元格 AA7 并将其连接到单元格 Z7。

c. 选择单元格 AA11 并将其连接到单元格 Z13。

d. 选择单元格 AC27，并用单元格 AA5 而不是 X5、单元格 Z37 而不是 W37 进行更新。

⑥在“质量和能量平衡”部分，更新所有蓝灰色单元格，如 H3、H8、H9、Z17 和其他。

⑦添加新效组的能量平衡以更新“质量和能量平衡”部分。

⑧运行求解器。

B-MED 和 FB-MED 工作表亦采用相同方法。对主要 MED 部分增加或减少一个效组，冷凝器的相关单元格应连接到新的效组。

为了改变增强器的注入点，注入效组的相关蒸汽质量流量需要更新。此外，增强模块边界条件部分中的相关注入蒸汽温度单元格需要修改，并连接到相关注入效组的压力。

为了在 FB-MED 工作表中添加一个闪蒸室，应采用相同的方法。需强调，每个闪蒸室与相关 MED 效组相连，因此，所有连接需要更新或重新准备（对于每个新的效组与闪蒸室）。此外，其相关边界条件应加入“求解器”。

参考文献

[1] NIST，NIST Reference Fluid Thermodynamic and Transport Properties Database（REFPROP）：Version 9. 1，2013.

[2] Solver. [Online] Available：http：//www. excel-easy. com/data-analysis/solver. html.

[3] S. R. L. Gardner Denver，Robuschi Liquid Vacuum Pumps Catalogue，2016 [Online] Available：http：//www. gardnerdenver. com/robuschi/downloads/vacuum-pumps/.

符号说明

A	蒸发器面积（m^2）
AEC	年均电力成本（美元/年）
ATAX Income	年税后收入（美元/年）
a	常数
B-MED	增强多效蒸馏
BLP	海水淡化厂投资成本占贷款总额的百分比
BPE	沸点升高（℃）
CA	资产成本（美元）
CC	资金成本（美元）
ChC	年化学试剂成本（美元/年）
CMP	压缩率
CRF	资本回收率
CUP	化学品单价（美元/m^3）
C_d	溢流堰排放系数
d_e	管道当量直径（m）
D_{FC}	冷凝水总生产率（kg/s）
D_t	冷凝液总产率（m^3/d）
DR	排水率
E	能量（kJ）
ENT	喷射系数
ES	升级因素
EUP	电费（美元/kW·h）
EXP	膨胀比
FB-MED	闪蒸增强多效蒸馏
FB-MEE	闪蒸增强多效蒸发
FB-TVC-MEE	闪蒸热蒸汽压缩多效蒸发
f	设备利用率
g	重力加速度（m/s^2）

G	流体质量速度［kg/（m^2·s）］
GOR	增益输出比
GRG	广义既约梯度
ΔH	传热效率（MW）
$\Delta h_{available}$	热能最大可用量（kJ/kg）
Δh_{ref}	蒸馏液比标准焓（kJ/kg）
H	盐水水位（m）
HG	闸门高度（m）
H_{plate}	塔板高度（m）
h	焓（kJ/kg）
h_f	饱和溶液焓值（kJ/kg）
h_{fg}	蒸发/冷凝焓（潜热）（kJ/kg）
h_g	饱和/过热蒸汽焓（kJ/kg）
h'_g	饱和/过热蒸汽焓（kJ/kg）
ΔIRR	增量收益率（%）
IF	安装系数
Income	年收入（美元/年）
IPMT	银行年利息（美元/年）
IRR	内部收益率（%）
ITAX	所得税（美元/年）
i	年利率
k	热导率［W/(m·K)］
L	闪蒸“级”长度（m）
LA	贷款总额（美元）
LC	年劳动成本（美元/年）
LMTD	对数平均温差（℃）
MARR	最低希望收益率
MED	多效蒸馏
MEE	多效蒸发
MSF	多级闪蒸
MSIC	年平均保养、备件、保险费（美元/年）
$\dot{m}$	质量流率（kg/s）
$\dot{m}_{D,total}$	工艺冷凝液（淡水）总流量（kg/s）
$\dot{m}_m$	动力蒸汽流量（kg/s）
$\dot{m}_p$	除注入废水的蒸汽外生产的冷凝水总量（kg/s）
N	板式换热器每侧通过次数

NCG	不凝气体
NEA	非平衡态限值（℃）
NEA_{10}	10 英尺（ft，1ft = 0.3048m）闪蒸“级”NEA（℃）
NPV	净现值（美元）
NTU	传热单元数
n	海水淡化厂经营年限（年）
OPEX	经营开支（美元/年）
Δp	压力差（kPa）
$\Delta p_{v,i}$	邻“级”间的蒸汽压差（Pa）
p	压力（bar 或 kPa）
Pr	普朗特数
P-MED	预热多效蒸馏
PMT	年偿还贷款（美元/年）
PPMT	银行本金年支付量（美元/年）
PR	性能比
PR_{WH}	余热性能比
p	比泵功耗（$kW \cdot h/m^3$）
Q	热流量（kW）
R	进料蒸汽比
RF	回收系数
R^2	R 平方值
R_F	污垢热阻（$m^2 \cdot K/kW$）
Re	［电子］雷诺数
r	蒸发器管半径（m）
S	贷款余额占贷款总额的百分比
SCC	比资本成本［美元/（m^3/d）］
SL	简单直线折旧（美元/年）
SV	折旧值（美元）
SWL	比堰负荷［$kg/(s \cdot m)$］
ΔT	温差（℃）
T	温度（℃）
TBT	最高盐水温度（℃）
TDS	总溶解固体
TCC	总资本成本（美元）
TR	税率
TVC-MEE	热蒸汽压缩多效蒸发
U	总传热系数［$kW/(m^2 \cdot K)$］

UA	UA 值（kW/K）
UPC	单位产品成本（美元/m^3）
V_v	最大蒸汽允许排放速度（m/s）
$V_{D,total}$	设备总产量（m^3/h）
W	闪蒸级宽（m）
WMP	淡水市场单价（美元/m^3）
X	浓度（%，质量分数）；盐度（$\times 10^{-6}$）
x	蒸汽质量
α	传热系数［kW/($m^2 \cdot$ K)］
α^+	无量纲传热系数
η	总泵效率
θ	从 TVC-多效蒸发中标识 FB-TVC-多效蒸发
λ	常数
δ	筛板厚度（m）
μ	黏度（Pa·s）
ρ	密度（kg/m^3）
σ	常数
ν	运动黏度（m^2/s）
ζ	范宁摩擦系数
ϕ	面积系数
γ	总面积系数
Ψ	成本函数

脚注

0	零年
1	第一效组；第一年
2	第二效组；第二年
3	第三效组；第三年
4	第四效组；第四年
B	高浓缩液或浓盐水出口
B^*	对应沸点
B^{**}	对应浓盐水温度
B-MED	增强多效蒸馏过程
BBP	浓盐水排出泵
BRP	浓盐水循环泵
bstr	增强器

C	冷却剂（冷却水）
C^*	相关冷却液温度
c_hex	液-液换热器冷侧
c_prh	预热器冷侧
calc	计算
cold	冷侧
cond	冷凝器
D	蒸馏液
$D_{Booster}$	增强效组的总蒸汽产量（m^3/d）
D_{FC}	闪蒸室的总蒸汽产量（m^3/d）
D_{FV}	闪蒸器的总蒸汽产量（m^3/d）
D_{inj}	蒸汽注入量（m^3/d）
D_t	冷凝水总生产率（m^3/d）
DEP	蒸馏抽取泵
DRP	盐水泵
d	输出蒸汽
e	效组
F	进料
F^*	相关进料温度
FB-MED	闪蒸增强多效蒸馏
FB-MEE	闪蒸增强多效蒸发
FB-TVC-MEE	闪蒸热蒸汽增强多效蒸发
FC	闪蒸室
HC	高浓缩加工液
HS	热源（对效组）；热端（对冷凝器）
HSP	热源介质泵
h_hex	液-液换热器的热端
h_prh	预热器的热端
hex	液-液换热器
hot	热端
i	闪蒸室数量（闪蒸增强多效蒸馏）；预热器数（预热多效蒸馏）
in	进口
inj	输入的
inn	内表面
j	闪蒸级数（对闪蒸多效蒸馏来说）；预热器总数（对预热多效蒸馏来说）

k	多效蒸馏效组数
k^*	已经注入闪蒸蒸汽的多效蒸馏效组数
L	液体
lm	对数平均
MED	多效蒸馏工艺
MEE	多效蒸发工艺
MK	组合
MKP	加水泵
MSF	多级闪蒸工艺
m	蒸汽动力；年数
n	多效蒸馏总效组数；工厂生产年限
o	外表面
out	出口
p	效组压力
p_1	第一效组压力
p_2	第二效组压力
p_d	输出蒸汽的压力
p_i	第 i 个闪蒸室的压力
p_k	第 k 个效组的压力
p_m	驱动蒸汽压力
p_s	抽汽压力
p_n	第 n 个效组的压力
P-MED	预热多效蒸馏工艺
p	工艺冷凝水
phe	板式换热器
pinch	夹点
prh	预热器
R	回用盐水
SWP	盐水泵
s	抽吸蒸汽
sat	饱和水蒸气
sv	饱和蒸汽
sw	海水
s-l	显-潜传热
s-s	显-显传热
t	总的
T_d	输出温度

v，V	蒸汽
V′	注入蒸汽（从闪蒸室产生的蒸汽）
vac	真空
w	纯水
z1	1 区的温度能谱
z2	2 区的温度能谱
z3	3 区的温度能谱